CB069388

A CULTURA DA CHERIMÓIA E DE SEU HÍBRIDO, A ATEMÓIA

"Ensinar a exploração da terra, e não do homem"
"Cultivando a terra, o homem se cultiva"

Coordenação Editorial
Mirna Gleich

Assistência Editorial
Maria Elisa Bifano

Revisão
Luciana Abud e Maria Aparecida Amaral

Fotografia
Silvestre Silva

Design e Ilustração
Mauricio Negro

Projeto Gráfico
Danilo Henrique Carvalho

Assistente de Arte
Patricia Buglian

Editoração
Produtores Associados

Impressão
Editora Vozes Ltda.

A Editora Nobel tem como objetivo publicar obras
com qualidade editorial e gráfica, consistência de informações,
confiabilidade de tradução, clareza de texto, impressão, acabamento e papel adequados.
Para que você, nosso leitor, possa expressar suas sugestões, dúvidas, críticas e eventuais reclamações,
a Nobel mantém aberto um canal de comunicação.

Entre em contato com:
CENTRAL NOBEL DE ATENDIMENTO AO CONSUMIDOR
Fone: (11) 3931-2822 ramal 259 - Fax: (11) 3931-3899
End.: Rua da Balsa, 559 - São Paulo - CEP 02910-000
Internet: www.livrarianobel.com.br

LÉON BONAVENTURE

A CULTURA DA CHERIMÓIA E DE SEU HÍBRIDO, A ATEMÓIA

fotografado por
SILVESTRE SILVA

Nobel

© 1999 de Léon Bonaventure

Direitos desta edição reservados à
Livraria Nobel S.A.
Rua da Balsa, 559 - 02910-000 - São Paulo, SP
Fone: (11) 3931-2822 - Fax: (11) 3931-3899
e-mail: ednobel@livrarianobel.com.br

Dados Internacionais de Catalogação na Publicação (CIP)
(Câmara Brasileira do Livro, SP, Brasil)

Bonaventure, Léon
 A cultura da cherimóia e de seu híbrido, a atemóia / escrito e pesquisado por Léon Bonaventure; fotografado por Silvestre Silva - São Paulo : Nobel, 1999.

 ISBN 85-213-1094-3

 1. Atemóia 2. Atemóia - Cultura 3. Cherimóia 4. Cherimóia - Cultura I. Silva, Silvestre. II. Título.

99-2303   CDD-634.41

Índices para catálogo sistemático:
1. Atemóia : Cultura : Fruticultura 634.41
2. Cherimóia : Cultura : Fruticultura 634.41

É PROIBIDA A REPRODUÇÃO
Nenhuma parte desta obra poderá ser reproduzida, copiada, transcrita ou mesmo transmitida por meios eletrônicos ou gravações, sem a permissão, por escrito, do editor. Os infratores serão punidos pela Lei nº 9.610/98.

Impresso no Brasil / *Printed in Brazil*

PREFÁCIO
APRESENTANDO UM SONHO

O nome de Léon Bonaventure tem muito a ver com a forma como ele vive sua vida. Faz dela uma aventura e este livro é um bom exemplo disto. Escrito com base na dedicação, na vivência, na observação cuidadosa e no trabalho da rotina diária, terá seguramente como principal fruto o registro de uma nova cultura do nosso país.

A cultura é das mais promissoras, pois, pelo tamanho de seu território e por sua diversidade de solo e clima, o Brasil não pode adiar por mais tempo sua vocação de grande produtor mundial de frutas. Temos condições de fornecer frutas frescas durante todo o ano, para todos os mercados.

Atender, com qualidade certificada, ao mercado consumidor de frutas, cada vez mais exigente, é uma excelente oportunidade para o país expandir suas fronteiras agrícolas internas, reaproveitando, melhor e mais intensamente, suas terras para produção de frutas. Disso advirão benefícios sociais de que não podemos abrir mão, pois a fruticultura propicia uso intensivo de mão-de-obra.

A cherimóia e seu híbrido, a atemóia, podem, a partir deste livro, ser descobertas pelo produtor paulista e brasileiro da mesma forma como encantaram Léon Bonaventure, um dos pioneiros em seu cultivo. Conhecedor das dificuldades desse pioneirismo, Bonaventure sabe orientar quem se interessa pela cultura, desde a escolha do local mais adequado para a produção do ponto de vista ecológico até as melhores técnicas de manejo, controle de doenças, chegando ao desenvolvimento de mercado.

Nesta fase de pioneirismo da cherimóia em nosso país, as lacunas de conhecimento técnico-científico são grandes, e trabalhos como o de Léon trazem valiosa contribuição a um novo empreendimento produtivo.

João Carlos de Souza Meirelles

SUMÁRIO

INTRODUÇÃO   13

PARTE I
1. O fruto   18
2. O arboricultor   21
3. Aspectos botânicos   23
4. Um pouco de história das culturas de cherimóia e atemóia no Brasil   27
5. Ecologia arborícola   31
6. As plantas cultivadas e as variedades   38
7. Cherimóia ou atemóia   41
8. O berçário   43
   Fotos   49

PARTE II
9. Preparação do espaço cultural, o solo e sua adubação   58
10. O quebra-vento   64
11. A irrigação   66
12. A preparação das covas   68
13. A plantação   70
14. Controle das ervas daninhas   72
15. Adubação de manutenção   73
    Fotos   81

PARTE III
16. Inimigos e defesa   90
17. A poda   96
18. Sistemas de condução   118
19. A polinização artificial   128
20. Raleamento   136
    Fotos   137

PARTE IV
21. Produção, colheita, conservação e comercialização   146
22. Perspectivas e problemas   151
23. O pomar familiar   156

PARTE V
24. Dicas gerais e receitas com cherimóia e atemóia   160

Uma cultura bem-sucedida é o resultado de um conjunto de fatores, chamados fatores de produção, que reagem numa total interdependência. Os fatores de produção vão constituir cada um dos capítulos deste livro. Ao lê-lo, tenha em mente que cada capítulo é parte de um todo. Nenhum fator pode ser negligenciado. Essa visão global é fundamental, porém cada capítulo ou fator de produção tem a sua importância primordial.

Se um único fator de produção estiver deficiente, todo o conjunto será afetado e até a vida da planta. Cada fator de produção age melhor quando todos os outros estão próximos do estado ótimo.

INTRODUÇÃO

Não sou agrônomo nem pretendo ser, mas sou doutor em psicologia, psicoterapeuta já de longa data, homem de consultório. Porém, há cinqüenta anos, ainda de calça curta, formei-me na Escola Superior de Horticultura, na Bélgica. Não posso me definir como homem do campo, embora, pela minha alma de jardineiro, facilmente me identifique com ele e seja solidário com seu trabalho.

Minha experiência brasileira no campo começou quando implantei em 1983 um dos primeiros kiwizais comerciais. As circunstâncias históricas e o espírito pioneiro colocam-me, agora, sem querer, entre os primeiros no Brasil a cultivar a cherimóia e seu híbrido, a atemóia.

Para conduzir a bom termo uma cultura nova, é preciso saber o que se faz. Por isso, visitei muitas culturas, tanto no Brasil quanto no exterior. Mantenho, até hoje, contatos com centros de pesquisa no exterior. Importei as melhores variedades existentes no mundo, observei, selecionei, experimentei, deixei-me educar pelas próprias plantas: elas me ensinam muito.

Nesses últimos cinqüenta anos a arboricultura deu um salto imenso. Assim, precisei me reciclar, colocando-me na escola dos grandes arboricultores deste fim de século: o belga Dufour; o francês Jean-Marie Lespinasse; o neozelandês P. R. Sale; a escola holandesa de arboricultura de Booscoop; os suíços P. Ph. Mottier e Evêquoz; o chileno Francisco Gardiazabal; os australianos Sanewski e Roger Broadley; e os espanhóis Emilio Guirado Sanchez, Carlos Lopez, José Maria Farré Massip e José Maria Hermoso González.

Todos eles, e tantos outros, deram grande contribuição à arboricultura moderna e aprendi muito com eles.

Foi o engenheiro agrônomo Takanoli Tokunaga que me introduziu na produção de mudas e na cultura de atemóia e lhe sou muito grato – ele que me assistiu nos meus primeiros passos. É uma bela figura da arboricultura brasileira e o considero o pai brasileiro da atemóia. Foi Mônica Matte que me fez descobrir a cherimóia e me pôs em contato com os produtores estrangeiros; sem o trabalho dela eu nunca teria adquirido uma coleção das boas variedades da planta. Agradeço meu amigo José Antonio Fajarolo Aneas, que me fez conhecer as plantações e o centro de pesquisas da Espanha.

Agradeço a Paulo Hirooka, que me incentivou a plantar e me colocou em contato com os produtores de atemóia do Paraná. Nunca vou esquecer meu primeiro encontro com três colegas deste Estado: o agrônomo japonês Thoru Nakanishi, um verdadeiro Derzu Uzala, formado no Japão em arboricultura moderna e que me ajudou muito a me definir quanto ao sistema de plantio que iria adaptar; Jorge Toshio Kimura e Edson Tomio Sato. Aprendi muito com eles. Quando o Jorge recebeu-me em sua cultura, disse-me: "Aqui não tem segredo". Os três gostaram muito de partilhar suas experiências e conhecimentos. Esses encontros são tão enriquecedores para a alma!

Sem a dedicação do viveirista José Benedito Rosa, não teria chegado a dominar a produção de mudas. Sem o chefe de cultura Benedito de Castro Silva, teria sido impossível implantar uma cultura no modelo da arboricultura moderna. A vida no campo favorece encontros simples, mas tão maravilhosos que só posso agradecer à Vida por ter encontrado tanta gente tão rica, que ainda é simplesmente gente. A vida é feita desses encontros significativos.

Este livro se propõe a ser uma modesta contribuição em favor da implantação no pomar brasileiro desse fruto exótico e maravilhoso, que é a cherimóia. Nunca na vida quis escrever um livro de arboricultura. Mas tantos produtores me pediram assistência na cultura e me incentivaram a escrever, que finalmente aceitei condensar em um livro minha experiência e meu conhecimento, apesar de os agrônomos Takanoli e Nakanishi e outros estarem muito mais habilitados do que eu para escrevê-lo. Porém chego à conclusão de que o importante é que se escreva. Apesar de esse livro ser assinado com o meu nome, ele é apenas um registro do que eu aprendi com os outros e com a prática. Escrevi o que nós fazemos, o que não quer dizer que seja o certo. A literatura sobre este assunto é praticamente inexistente e espero que se amplie.

Diversos capítulos são comunicações que fiz em circunstâncias diversas; outros são formulações transcritas de longas conversas tidas com produtores nacionais e estrangeiros. Alguns capítulos transformaram-se em uma conferência apresentada no Primeiro Simpósio Internacional sobre a Cherimóia, em Loja, no Equador, e publicado pela International Society for Horticultural Science.

Este livro não tem nenhuma pretensão científica, por isso me dispenso de qualquer referência científica, notas de rodapé, citações etc... Não é completo, porque nenhum livro o é. Seu único objetivo é uma modesta assistência no campo, transmitindo o que eu sei ou o que eu acredito saber. Ele se propõe também a favorecer o intercâmbio à pesquisa e ajudar o leitor a considerar este livro apenas como um subsídio para pensar.

O único grande e valioso segredo que um arboricultor tem que guardar é cultivar preciosamente seu amor por sua cultura. No fim do século, não tem nenhum sentido fechar-se em seu individualismo. A filosofia dos caminhoneiros, escrita atrás do caminhão, é muitas vezes de uma profunda verdade: "Sozinho, pode ser muito bom; mas junto será sempre melhor". Sozinho, o pequeno produtor é engolido pela globalização e pela abertura das fronteiras. O conhecimento tem que ser partilhado e divulgado. Essa nova cultura, ainda tão incipiente no Brasil, tem tanto ainda a ser estudada, muitas teses de mestrado e doutorado têm que ser escritas a respeito. Como todo mundo, eu aprendi com meus erros. O que está certo hoje será errado amanhã. O que está certo em um lugar estará errado em outro, me disse o agrônomo Edson Tomio Sato, pioneiro da cultura de atemóia no Brasil.

O maior erro que um leitor pode fazer é seguir, sem pensar duas vezes, o que eu escrevo. Hoje, em todas as ciências, existem escolas, com seus centros de pesquisas, seus mestres. Algumas vezes os pontos de vista são muito diferentes. Por isso, qualquer dogmatismo tem sua carga de ridículo e de ignorância. O que importa num campo tão novo é que cada um conduza seu pomar com inteligência, sabendo o que faz. A improvisação em uma cultura comercial não é recomendável.

Agradeço ao Secretário da Agricultura de São Paulo, João Carlos de Souza Meirelles por ter colaborado com o livro, deixando-me honrado com seu amável e tão conciso prefácio.

Tenho que agradecer à Casa Rural de Granada, na Espanha, que me deu autorização para traduzir de maneira livre, e algumas vezes parafraseando os escritos sobre a polinização artificial; e também ao sr. Bill Thompson, da Austrália, que autorizou a publicação do capítulo das receitas. Foi uma honra o fotógrafo Silvestre Silva ter aceito acompanhar-me no campo, possibilitando que este livro contenha fotografias tão belas e tão boas. Vieram ainda enriquecer o livro as fotografias de Nakanishi sobre a broca do tronco e duas fotografias (fotos 2 e 7, pp. 50 e 51) que Veerle Van Damme e Xavier Scheldeman, da Universidade de Gent, responsáveis pelo projeto VLIR no Equador, tiveram a gentileza de ceder mostrando a árvore nativa e os frutos de cherimóia em estado natural na floresta equatorial do Equador. Com essas imagens, espero que o produtor possa facilmente se familiarizar com o fruto, a planta, a cultura, as doenças, os insetos, a poda e os cuidados da cultura.

Sem a grande disponibilidade dos produtores em abrir a porta de suas culturas, não teria sido possível obter tão belas fotografias. Agradeço a Toshiaki Tokunaga, Aquira Uemura, Yoshihiro Nakao, Francisco Rubiño Gomes, Laurent e à colaboração financeira dos anunciantes, e à gráfica da Editora Vozes, em Petrópolis, indispensáveis para a realização do trabalho nesse nível de qualidade.

Agradeço também ao amigo Mauricio Negro, da Produtores Associados, que elaborou todos os desenhos, tornando o livro mais didático.

Um livro se escreve uma vez, duas vezes..., depois ainda muitas vezes se corrige. Ele é um trabalho ao mesmo tempo complicado e tão simples, exigindo muitas horas de dedicação e paciência, virtudes que encontrei nas pessoas de Marisa Pires e Patricia Hadlich. A elas um agradecimento especial, porque sem o seu trabalho, este texto teria ficado em um fundo de gaveta. E à minha mulher, Jette, que teve a coragem de pôr a mão na massa e fazer as correções necessárias para tornar meu texto mais acessível e didático.

Finalmente agradeço à Nobel por aceitar publicar um livro com tantas fotografias.

PARTE I

O fruto

O arboricultor

Aspectos botânicos

Um pouco de história das culturas de cherimóia
  e atemóia no Brasil

Ecologia arborícola

As plantas cultivadas e as variedades

Cherimóia ou atemóia

O bercário

Fotos

CAPÍTULO 1
O FRUTO

O fruto "é um presente da natureza", "é o fruto mais fino do mundo", diz o explorador de plantas David Fairchild. "Uma obra de arte da natureza", diz Haenke.

Mark Twain considerava esse fruto como "a delicadeza em si mesma". "Como o mangustim, a cherimóia é o melhor dos frutos do mundo", considera um famoso lorde inglês, Sir Clement Marklam. Todos esses elogios superlativos não são por acaso, e ainda "se a atemóia é excelente, uma boa cherimóia é ainda melhor", diz Luis Geowinski.

Esse fruto exótico, de característica particular, sabor agradável, doce, ligeiramente acidulado e aromático, parece com a pinha, fruta-do-conde, da condessa ou a graviola porque faz parte da mesma família. Mas em relação a esses frutos, a cherimóia e a atemóia apresentam qualidades muito superiores, têm menos sementes, se conservam bem melhor, não racham, suportam o transporte, podendo ser mantidas a uma temperatura de 8ºC a 12ºC, durante 8 a 12 dias.

É uma planta ainda relativamente imune às doenças e por isso em certos países permite uma cultura puramente orgânica, sem agrotóxicos. Em conseqüência, o fruto tem um sabor totalmente natural.

Uma das características do fruto é seu aroma, sua pele verde ligeiramente amarelada quando madura. A pele pode ser lisa, suave ou em relevo, ou para usar os termos espanhóis dos botânicos, o fruto pode ter uma forma tuberculada ou mamilada ou ainda impressa ou umbonada (fotos 2, 3 e 4 - p. 50). Tudo depende da variedade. O fruto de qualidade é simétrico, peso variável entre 400 e 600 g, podendo chegar a 2 ou 3 kg. Abrindo o fruto descobre-se uma polpa branca, cremosa, no meio da qual estão as sementes pretas (foto 5 - p. 50). Dependendo da variedade e do estado de maturação, o teor de açúcar é mais ou menos elevado: de 18 até 25 brix, e em certas variedades até 28 brix, para o fruto cultivado no Brasil. Para o mesmo fruto de origem chilena o brix varia, quando o fruto é maduro, de 12 a 16. A qualidade desse fruto depende muito da área, do ano e dos cuidados de seu cultivo.

Para nós brasileiros é um fruto novo. Porém, este fruto já existia no tempo pré-incaico no Peru, como atestam vasos de terracota em forma de cherimóia que datam de 1400 a 700 a.C. e sobretudo dos séculos XIII e XV de nossa era (foto 6 - p. 50). O termo cherimóia significa, em quechua, semente fria. Nesse fim de século parece a última grande descoberta da fruticultura mundial; é por isso que pode ser considerado o fruto do ano 2000.

A cherimóia é um alimento balanceado, contendo proteínas, fibras, minerais, vitaminas, energia e pouca gordura.

Valor nutricional das cherimóias
(por 100 g de matéria comestível)

Água	63 - 85 g	Tiamina B1	0,09 - 0,1 mg
Fibra	1,0 - 3,2 g	Riboflavina B2	0,08 - 0,1 mg
Amido	0	Niacina B3	0,42 - 0,8 mg
Açúcar	18,19 g	Ácido fólico	0
Acidez	equival. a 11,9 m	Cálcio	12 - 26 mg
Cinza	0,66 g	Ferro	0,5 - 1.0 mg
Gordura	traço/0,02 g	Sódio	0
Proteínas	1,0 - 4,3 g	Zinco	2,7 mg
Calorias	77 - 93 kcal	Cobre	2,4 mg
Ácido ascórbico	10 - 50 mg	Ferro	6,9 mg
Caroteno	1 mg	Magnésio	88,2 mg

Diferentemente da maioria das frutas, que necessitam de pulverização regular, as pragas da cherimóia podem ser controladas por meios biológicos, portanto a probabilidade de contaminação por quaisquer resíduos químicos danosos é pequena.

O magnésio é um calmante, melhora a resistência e assimila oxigênio e aminoácidos naturalmente.

As vitaminas A e C são antioxidantes que combatem os radicais livres (os vilões que envelhecem e destroem nossas células). Essas vitaminas são essenciais para pele, ossos, dentes, olhos, cabelo e tecidos saudáveis.

A fibra comprovadamente previne a prisão de ventre e o câncer do intestino.

Também se constatou que minerais são absorvidos de forma mais eficiente em pequenas quantidades, da maneira como são encontrados em frutas e verduras.

A cherimóia, se consumida com moderação, fornece açúcares que dão energia e não provocam excesso de produção de insulina, como fazem os açúcares industrializados. Se observarmos o valor nutritivo da cherimóia, os açúcares naturais são complementados por muitos outros produtos naturais necessários para a produção de energia, tais como vitaminas, minerais, fibras e proteínas. Açúcares industrializados são pura sacarose e carecem de reforço de vitaminas e minerais. Portanto, coma uma cherimóia, para conseguir energia saudável. É excelente para doentes convalescentes e bebês – fácil de comer e digerir e ao mesmo tempo uma fonte de energia natural.

Como se vê, é um fruto rico em açúcar e proteína, tendo quatro vezes mais esses elementos do que a maçã. É um fruto que pode ser comido tanto pelo recém-nascido quanto por pessoas em convalescença ou idosos.

Habitualmente o comemos ligeiramente gelado, com uma colher. Utiliza-se também em forma de suco, ou ainda como nas diversas receitas apresentadas no final deste livro.

CAPÍTULO 2
O ARBORICULTOR

Basta a visita a alguns pomares para constatar que eles são muito diferentes uns dos outros, pois o pomar reflete a personalidade do arboricultor e seu profissionalismo.

O arboricultor e sua equipe são fatores importantes na produção, pois sem o elemento humano não se faz cultura.

A improvisação e o "brincar" de ser arboricultor pertence ao passado. Não ocorre mais a improvisação de implantar um pomar com a finalidade comercial sem todos os estudos preliminares. A instalação de um pomar necessita de um investimento financeiro e dedicação maior do que se imagina habitualmente.

O profissionalismo e a competência são qualidades indispensáveis para formar um pomar produtivo e economicamente rentável.

O arboricultor é dono do seu pomar; é ele quem cuida, zela, forma e cultiva suas árvores, e por isso sua plantação chama-se cultura, no sentido forte da palavra: ele forma seu pomar exatamente como os professores cuidam e formam a cultura de seus alunos – o arboricultor cuida da cultura de suas árvores. Mas como ele pode zelar por uma cultura sem ter adquirido primeiro ele mesmo uma formação e cultura?

Um verdadeiro arboricultor é um produtor porque ele planta para produzir e colher.

No pomar moderno o arboricultor tem que raciocinar como um industrial: tem que pensar em termos racionais sobre a eficácia, a eficiência, a produtividade a baixo custo, a rentabilidade rápida e a qualidade do produto. São atividades que refletem o espírito do empresário moderno. É evidente que dentro desses parâmetros o arboricultor deve ter a formação adequada para poder administrar seu pomar.

O arboricultor é mais do que isso, ele é um homem do campo no sentido nobre da palavra. Na convivência com suas plantações, ele adquire um profundo e íntimo conhecimento da vida de suas árvores, o que lhe permite saber por instinto o que elas precisam.

Essa inteligência natural instintiva não se localiza na cabeça, mas principalmente nas mãos do *homo faber*: é com as mãos que ele trabalha e cria o pomar, com a enxada aprende, com a enxada de verdade que, pouco a pouco adquire o sentido da vida no campo.

O verdadeiro arboricultor moderno pertence a dois mundos: ao mundo técnico, do conhecimento científico, do espírito empresarial, e ao mundo do campo. Ele tem um pé no mundo da terra vermelha, da vida no campo, e outro pé no mundo da cidade moderna, da tecnologia.

O arboricultor nasce de uma afinidade natural com a vida do campo, no qual depois se enraíza, mas simultaneamente essa profissão exige a aquisição de conhecimentos os mais diversos, continuamente renovados, porque a arboricultura é uma ciência extremamente viva.

É no campo que o arboricultor cresce, se desenvolve, frutifica, vive o ciclo da vida igual às suas árvores e junto com elas se realiza. Essa afinidade e sensibilidade de alma, entre o homem e a árvore, baseia-se no arquétipo da árvore da vida, nutrida pela mãe terra. A vida da árvore tanto como a do homem se enraíza nessa realidade fundamental. Assim, nesse nível cria-se um diálogo silencioso entre o homem e a árvore, sendo um como o outro expressão da mesma vida.

Ao cultivar o pomar o homem do campo se cultiva, por isso também o pomar foi sempre símbolo de nosso espaço interior. Os antigos falavam do jardim da alma a ser cultivado pelo próprio jardineiro da alma. Nessa perspectiva, o homem do campo reencontra a sua antiga nobreza.

Vivendo no seu pomar o homem do campo se enraíza, se identifica e, ao cultivar suas plantas, cultiva-se a si próprio. No decorrer dos anos, diante de sua vida interior ele adquire uma sabedoria, a da vida simples, porém profunda e respeitosa em relação a tudo o que está vivo. A imagem do nosso caboclo simboliza essa sabedoria da natureza, já dominada, impregnado de bom senso, realismo, sabendo não interferir no ciclo da vida, tendo muita paciência e também um pouco de malícia.

Se o arboricultor é a alma do pomar, ele é também o fator de produção de primeira importância. Há alguns anos li numa revista de arboricultura esta história:

Nos anos 50, na Córsega, os homens do campo imigraram para a França e abandonaram seus pomares de castanheiras. Apesar dessas árvores não precisarem de cuidados especiais, elas começaram a ficar doentes e a não produzir mais, como se não tivessem mais vontade de existir. Porém 20 anos depois, quando alguns homens voltaram a suas terras, com poucos cuidados as castanheiras reviveram e frutificaram de novo.

Essa pequena história exprime a simbiose inerente entre a árvore e o homem, o homem do campo sendo a alma e ao mesmo tempo o fator de produção de importância capital.

Se a tecnologia precisa cada vez mais entrar no campo para criar a agricultura moderna, deve também ser cultivado em todos os níveis o elemento humano.

CAPÍTULO 3
ASPECTOS BOTÂNICOS

A cherimóia e a atemóia

Quem entra no museu de Lima pode ver cerâmicas de terracota, em forma de cherimóia, datadas de 1400 a 700 a.C., também expostas no Denver Art Museum, nos Estados Unidos. Esses documentos permitiram aos historiadores considerar o Peru como a terra mãe da cherimóia (foto 6 - p. 50). Assim como os arqueólogos, que encontraram sementes tanto da cherimóia como também de milho nos túmulos localizados em terras peruanas.

Porém hoje os botânicos localizaram a terra nativa da cherimóia na região do vale interandino do Peru e Equador, exatamente na província de Loja, a 1.600 m de altitude.

Nessa região, verdadeiro jardim botânico natural, ainda se pode caminhar nesses imensos bosques nativos de cherimóia. Apesar da alta densidade da árvore, os bosques são suficientemente abertos para favorecer uma vegetação rasteira de 20 a 30 cm como, por exemplo, a *Tradescantia*, que cobre a terra.

No estado nativo, as árvores de cherimóia quase sempre são formadas de diversos troncos e galhos laterais fortes partindo da base, o que dá a impressão de um grande arbusto de forma irregular, que varia de 3 a 6 m de altura (foto 7 - p. 51).

Convivem habitualmente com outras árvores de altura bem maior, como a *Acacia macrocanha* e a *Caesalpina tinctonia*, criando uma área bem protegida dos ventos e de meia sombra.

As épocas de chuvas e de secas são as mesmas que no estado de São Paulo. Assim, durante o verão, tempo de chuvas, o clima é úmido e quente e, no inverno, seco.

Cavando um pouco a terra, rica em matéria orgânica, encontra-se facilmente um sistema radicular superficial e abundante, em que 90% do sistema radicular encontra-se entre 40 e 50 cm de profundidade abaixo da terra. Porém sabe-se que em terra profunda as raízes podem descer até a 1,50 m, criando diversos andares de um sistema radicular diversificado.

Quer seja na região da província de Loja, no Equador, ou na Bolívia, Colômbia, no sul do México ou Vale de Miguel, no Peru, pode-se encontrar ainda essas grandes áreas de cherimóia nativas.

No século XVII os exploradores espanhóis voltaram das Américas com sementes de cherimóia, implantando na região de Málaga as primeiras plantações, que são até hoje o maior centro dessa cultura. Essa planta frutífera espalhou-se por toda a região mediterrânea para depois imigrar também para Califórnia, Austrália, Nova Zelândia, África do Sul, Argentina, Chile, Índia, Argélia e Egito. Atualmente é encontrada em quase todas as regiões de clima temperado ou subtropical do mundo.

Uma das características dessa árvore é sua vegetação atípica em relação às outras plantas. Ela é de folha semicaduca. As plantas entram em dormência leve, de três a quatro meses, e, na primavera, depois que todas as outras árvores já entraram numa abundante vegetação e muitas vezes terminaram sua floração, a cherimóia ainda está em estado de latência.

Para que surjam novas brotações das gemas folhares e florais localizadas nas axilas das velhas folhas, estas precisam ter caído. Esse fenômeno espontâneo da natureza acontece no fim de outubro/novembro para certas variedades tardias, em geral com a aparição das chuvas. Em outubro, as velhas folhas estão apenas suspensas na árvore, sendo que sua presença dificulta a nova brotação, especialmente a eclosão das gemas florais.

Dependendo da variedade, as folhas possuem formas variáveis. Habitualmente, têm formas alongada, oval e elíptica, mas inteiramente simples e sem recortes, de superfície plana ou ligeiramente ondulada, de borda lisa e peluda na parte posterior, com pecíolo curto. A cor varia de um verde-brilhante a um verde profundo. A face superior da folha é de uma cor verde mais escura que a face inferior. A disposição das folhas não é em espiral, como na maioria das outras árvores frutíferas, mas alternada.

As gemas estão na base do pecíolo, sendo protegidas por ele, e como dito anteriormente só se desenvolvem com a queda das folhas. Uma simples poda, a qualquer época do ano, favorece o desenvolvimento das gemas.

As gemas são compostas, têm a possibilidade de desenvolver quatro tipos de formação, sendo que uma ou outra ficam em estado de latência. Assim, de uma gema pode sair um único broto, formando um galho novo, ou também diversos brotos vegetativos, ou da mesma gema podem surgir só flores, ou galhos vegetativos e flores.

A observação no campo revela que o tipo específico de brotação não surge por acaso, mas depende de muitos outros fatores, como a inclinação do galho, a localização da gema no galho, a poda, a época da poda, o equilíbrio fisiológico da árvore e, especialmente, a qualidade de tempo de dormência na qual a planta entrou durante o inverno.

As flores são hermafroditas, perfeitas, axilares, de cor verde-amarelada, pouco aparentes. Dependendo da variedade, o tamanho oscila entre 1,9 e 5 cm. Mesmo sendo hermafroditas, mostram *protogenesis*, ou seja, os pistilos amadurecendo primeiro, sendo receptivos quando os estames ainda não soltam seu pólen.

O cálice é formado por três sépalas, pequenas e unidas, curtas e peludas e de forma triangular.

A coroa é formada por seis pétalas, unidas na base, três atrofiadas. As pétalas desenvolvidas são carnudas, grossas e de forma piramidal alargada, com uma cavidade na base interna onde alojam-se os órgãos de reprodução.

Ao tálamo une-se um anel de estames livres e numerosos (de 180 a 200 por flor), distribuídos de forma helicoidal.

Os frutos possuem um número elevado de carpelos (de 100 a 200), apresentando a particularidade de serem fecundados independentemente, ocasionando formas assimétricas nos frutos polinizados de maneira deficiente. Uma vez efetuada a polinização, os carpelos soldam-se perfeitamente entre si por um tecido conectivo.

Aberta, a flor libera um perfume delicado, porém intenso. Localiza-se principalmente sobre os galhos do ano anterior ou do penúltimo ano (galhos de um ou dois anos), como também sobre ramos recém-formados, ainda verdes. Nesse caso, as gemas florais localizam-se na axila da folha ou por vezes encontram-se sobre o tronco ou ramos velhos de diversos anos.

A biologia floral será estudada no capítulo sobre a polinização.

Os botânicos classificaram a *Annona cherimolia mill* na grande família das anonáceas. Por suas características específicas, a cherimóia faz parte de um dos 40 gêneros das anonas, aquelas que produzem uma vez ao ano. Os *araticum* brasileiros são também anonas. A palavra *araticum* vem do guarani, cujo significado é fruto mole.

Dentro do gênero das anonas, os botânicos subdividiram por espécie a *Annona cherimolia mill*, com também a *Annona squamosa, A. reticulata, A. muricata, A. diversifolha,* etc.

A espécie *Annona cherimolia mill* se diversifica depois de uma infinidade de variedades.

A respeito da atemóia, os botânicos ainda discutem sobre sua classificação. Segundo eles, não existe uma família de plantas mais complicada que a das anonáceas.

A atemóia não é uma variedade da cherimóia mas um híbrido, resultado do cruzamento da *Annona squamosa* e da *Annona cherimolia*, daí o nome atemóia (*at* da ata brasileira + cheri*móia*). Esses tipos de cruzamento são comuns no universo das plantas e acontecem naturalmente. Porém, o caso da atemóia foi intencional, já que o objetivo era um fruto de tão boa qualidade quanto a cherimóia e que se adaptasse ao clima tropical. Até certo ponto, os resultados foram positivos: a planta de atemóia gosta mais do calor do que a cherimóia, porém não de clima tropical de constante temperatura alta.

Se o fruto da atemóia guarda certos defeitos da ata, como as rachaduras e muitas sementes, por outro lado possui muitas qualidades do fruto da cherimóia, com maior polpa, e um sabor similar.

As primeiras experiências de cruzamento foram feitas em meados de 1870, na Guiana Britânica, sendo que as novas plantas de atemóia se desenvolveram exatamente na mesma época sob os cuidados de Pink Mammoth, presidente da Sociedade de Aclimatação de Queesnland, na Austrália. E, como é comum nesse caso, a primeira variedade de atemóia foi batizada com o nome de seu incentivador Pink Mammoth.

No começo do século na Flórida, Wester e Simmons repetiram a experiência com resultados similares. Mais recentemente, em Israel, as experiências foram feitas novamente e cada um de nós poderia repetir a experiência, tentando sempre alguns aprimoramentos.

As outras características dessas duas plantas frutíferas serão progressivamente descritas no decorrer deste livro conforme tenham implicação ou interesse para cultura.

Tudo o que acabamos de descrever neste capítulo pode parecer teórico demais, porém esses conhecimentos são de primeira importância para se adquirir uma maior sensibilidade em relação à planta e cuidar melhor do pomar. O simples fato de aprender que a cherimóia pertence à família das anonáceas nos permite lembrar que nossa árvore também tem a ver com todas as outras espécies da mesma família, que são conhecidas no Brasil.

Se os botânicos classificaram a anona cherimóia como uma espécie de clima subtropical, isso quer dizer que seu meio ambiente é subtropical, e não tropical.

O conhecimento fisiológico da planta nos permite uma poda mais inteligente e mais uniforme. Saber onde se localizam as gemas florais, permitirá uma melhor floração. Conhecendo-se a biologia da flor, pode-se favorecer eventualmente uma melhor polinização e frutificação.

Não se pode cuidar bem daquilo que não se conhece bem.

CAPÍTULO 4
UM POUCO DE HISTÓRIA DAS CULTURAS DE CHERIMÓIA E ATEMÓIA NO BRASIL

A cherimóia

Nesse imenso país, que é o Brasil, vizinho do Peru e da Colômbia, terras nativas da cherimóia, não é impossível que nossa floresta tropical nos esconda uma agradável surpresa para o futuro.

Nos séculos XVII e XVIII, a cherimóia emigrou para muitas partes do mundo. Mas sua presença no Brasil só foi conhecida, a meu ver, no primeiro quartel deste século.

No *Dicionário das plantas úteis do Brasil e das exóticas cultivadas*, de M. Pio Corrêa, livro publicado em 1931 pelo Ministério da Agricultura, no Rio de Janeiro, pode-se ler, em seu volume 2: "A cherimóia no Brasil excede um quilo e temos lido repetidas vezes a asseveração de que vão até cinco quilos". Esse texto de um historiador e grande naturalista brasileiro nos revela que já existiam plantas produtivas de cherimóia no Brasil antes de 1931. Por dedução, pode-se dizer que já por volta de 1925 existia a cherimóia aqui no país, mas infelizmente M. Pio Corrêa não indicou o local onde foi encontrada.

As primeiras plantas de cherimóia de variedades selecionadas por nós entraram oficialmente no país em 1994/95. Aclimatadas, elas foram plantadas em terrenos de culturas em 1996, a 960 m de altura e praticamente sobre o Trópico de Capricórnio, no sul de Minas Gerais. As variedades aclimatadas são: White, Burton's Favorite, Concha Lisa, Bronceada, Local Serena, Fino de Jete. Atualmente essas são consideradas as melhores variedades. Os poucos frutos já colhidos são de excelente qualidade, e está comprovado que durante a época de dormência a cherimóia suporta muito bem temperaturas abaixo de zero, de -2ºC a -3ºC, e que certas variedades suportam tanto o calor como a atemóia, porém parecem mais sensíveis à antracnose, sendo necessário um certo controle preventivo.

Em primeiro de janeiro de 1999, quando o manuscrito do livro já estava pronto, tive a oportunidade de encontrar Francisco Rubiño Gomes no Sítio das Anonas. Ele possui uma pequena propriedade agrícola situada sobre o Trópico de Capricórnio, a 1.100 m de altitude, no limite entre os estados de São Paulo e Minas Gerais.

Ao entrar no sítio, parecia que eu estava na Espanha, numa plantação de cherimóia, com árvores sadias e carregadas de belos frutos (foto 1 - p. 49).

Ele me contou que em 1969, sob recomendações de seu pai, implantou sozinho a primeira cultura brasileira de cherimóia, sem nenhuma assistência e até dominar a cultura, passou por muitas dificuldades. "Comeu o pão que o diabo amassou."

Hoje ele conseguiu formar um belo pomar de 600 árvores e plantas formadas a partir de sementes. Ao ver as folhas e os frutos todos, verifiquei que eram da variedade Fino de Jete. Uma produção de 150 a 200 frutos por árvore adulta.

Por acaso, ele considera normal os frutos pesarem habitualmente um pouco mais de 500 g, facilmente 1 kg, alcançando até 2,4 kg. Os primeiros frutos foram colocados no mercado brasileiro em 1974. No tempo dos incas, segundo ele, a cherimóia era considerada o fruto dos deuses, por sua qualidade realmente divina, o mesmo ocorrendo com as dele.

Relatar a minha visita ao Sítio das Anonas é necessário por diversos motivos : um homem como Francisco merece receber o título de *doutor honoris causa* pelo trabalho pioneiro que fez e pelas pesquisas bem medidas, que contribuíram muito para a arboricultura no Brasil.

Bem cuidada, a cherimóia produz muito bem.

Das plantações feitas no ano de 1969, com a grande geada de 1976, quando a temperatura chegou a -5,5ºC, quase todas as árvores morreram. Apenas se salvaram no pomar de Francisco cinco árvores, que hoje, 30 anos depois, ainda são produtivas (foto 8 - p. 51).

O pomar atual data de 1978.

Nos primeiros anos de cultura, muitas árvores morreram por causa da broca do tronco, mas com um controle sistemático da praga ela foi eliminada.

Depois que se começaram as pulverizações preventivas regulares contra a antracnose e a broca do fruto, Francisco chegou finalmente a ter um controle fitossanitário absoluto de sua cultura.

Na visita ao seu pomar, o que mais me impressionou foi o aspecto saudável de suas plantas. Procurei por algumas manchas de antracnose, a pior e mais comum doença da cherimóia, e nada achei. A vegetação e os frutos eram perfeitos, como podem ser observados em fotografias demonstrativas (fotos 1 e 8 - pp. 49 e 51).

A atemóia

Três pessoas, especialmente, se destacam quando se narra a história da atemóia no Brasil: Carlos Miranda, do Vale do Paraíba, o agrônomo Takanoli Tokunaga e o agrônomo Thoru Nakanishi.

Nos anos 60, quando alguém, voltando do exterior, trouxe galhos de diversas variedades de atemóia para Carlos Miranda, de Taubaté, SP, um grande amante da natureza e da fruticultura, ele os enxertou no araticum que tinha à disposição, o araticum-de-terra-fria, que por sorte era o porta-enxerto adequado. As plantas se desenvolveram muito bem no seu pomar. Quando Miranda morreu, o pomar foi destruído pelas diversas queimadas tipicamente brasileiras. Tudo teria desaparecido se ele não tivesse dado algumas plantas a diversos fazendeiros da região.

Poucas sobrevivem ainda hoje, depois de 40 anos, e apesar da falta de tratamento são produtivas. "O maior serviço que um homem pode fazer para seu país é introduzir um novo fruto", disse um presidente norte-americano no século passado. Esse elogio Carlos Miranda merece *post-mortem*.

Nelson Miranda contou-me que foi o pai dele quem plantou nos anos 60 a árvore que está na fazenda de Laurent (foto 9 - p. 51). Isso significa que nos anos 60, tudo o que nós sabemos hoje a respeito da atemóia, das suas variedades e de dois porta-enxertos, já se sabia.

Um jardineiro de Tremembé, SP, merece também o mesmo elogio, por ter contribuído bastante para o desenvolvimento desse fruto no Vale do Paraíba, nos anos 60, enxertado sobre o araticum-mirim. Um fazendeiro disse-me que ele introduziu essa planta na região, outro disse que as plantas sempre morriam depois de quatro ou cinco anos devido à antracnose – nessa época ninguém pulverizava suas plantações.

Porém, sem o trabalho de Takanoli Tokunaga, é bem provável que tudo que nos foi dado por Carlos Miranda e pelo jardineiro de Tremembé estivesse perdido. O agrônomo Takanoli, trabalhando no Vale do Paraíba, seguiu os caminhos já abertos. Interessou-se pela nova planta frutífera, trabalhou com o mesmo porta-enxerto e outros como o araticum-mirim, selecionou e colecionou as variedades já existentes no país e as divulgou, como a Pink's Mammoth, a Thompson, a African Pride e a Gefner.

Hoje, graças ao trabalho de Takanoli, o Brasil tem à sua disposição quatro variedades de atemóia bem aclimatadas e um excelente porta-enxerto, adequado pelo menos para toda a região de clima subtropical. Ele merece uma homenagem especial.

Thoru Nakanishi, agrônomo e há muitos anos radicado no Brasil, formou-se no Japão, iniciando-se na arboricultura moderna. Seu sítio, onde cultiva atemóia, localiza-se em Assaí, próximo a Londrina, PR, e ali ele realiza experimentos comparáveis aos realizados no Primeiro Mundo. Suas pesquisas no campo e a assistência dada aos produtores são da maior importância para a cultura da cherimóia e da atemóia no Brasil. Desenvolveu um sistema de condução da cultura da atemóia para o clima brasileiro que é extraordinário. Sem nenhuma subvenção do governo, no decorrer de suas pesquisas, num determinado momento precisou de mourões e, como não tinha dinheiro para comprá-los, não hesitou: arrancou os mourões de cerca de sua pequena propriedade e os utilizou na montagem do seu sistema. Revelou ser um sistema de cultivo e produção excelente.

Quando uma idéia está no ar, ela surge em diversas cabeças e em locais diferentes. Nos últimos dez anos, muitas outras pessoas contribuíram para a cultura da atemóia no Brasil, dentre elas podemos citar a Cooperativa Sul Brasil. Seus engenheiros agrônomos, como Hisao Haba e seus diretores, se interessaram por essa cultura e a promoveram, assim como seus cooperados, Yassunori Hironaga e Cecília Pompeu Camargo. No estado do Paraná o agrônomo Edson Tomio Sato, de Assaí, e Jorge Toshio Kimura há muito fazem pesquisas, assim como Paulo Nobor Hirooka, da Hort Frut Tartaruga Ltda. E tantos outros que me perdoem por não tê-los citado aqui.

O pomar brasileiro de cherimóia e atemóia

Que eu tenha conhecimento, até 1998 não existia nenhum levantamento oficial do número de árvores plantadas no Brasil. O pomar de cherimóia se limita a 14 hectares no sul de Minas Gerais e alguns hectares no estado de São Paulo. O pomar de atemóia pode ser estimado em 20 hectares no estado do Paraná, entre 20 e 30 hectares no estado de São Paulo e de 20 a 30 hectares no estado de Minas Gerais. Essa estimativa foi feita a partir das mudas comercializadas.

Foram feitos experimentos em Petrolina e Juazeiro, nos estados de Pernambuco e Bahia, mas infelizmente não deram certo, ou por ser o porta-enxerto inadequado para a região ou ainda, mais provavelmente, pela alta temperatura e baixa umidade atmosférica, ou simplesmente porque não se cultiva uma planta de clima temperado em clima tropical.

Existem também algumas plantações em Brasília e outras pequenas no Rio de Janeiro e no Espírito Santo. O sul do país começa a se interessar em implantar a cherimóia. Minha estimativa (subjetiva) é de que o pomar brasileiro de cherimóia e atemóia não ultrapasse atualmente mais de 100 hectares.

Comparadas ao cultivo de mil hectares de pinha ou um milhão de goiabeiras só no estado de São Paulo, ou também de milhares de hectares do Chile à Espanha, constatamos que a cherimóia e atemóia estão apenas se iniciando no Brasil. Prevê-se para o ano 2000 que as plantações se dupliquem ou se tripliquem.

Clone
PROPAGAÇÃO DE PLANTAS

Mudas de frutíferas de clima temperado e rosáceas ornamentais.
Seleção e limpeza clonal de copa e porta-enxerto.

COMECE NA FRENTE...
GARANTA O SEU FUTURO COM CLONE

Ameixa • Caqui • Kiwi • Maçã • Pêra • Pêssego • Cerejeiras Ornamentais

Maiores Informações e Catálogo:

Fone: (41) 253-2940 – Fax: (41) 253-2904
Celular: (41) 977-4751 – Curitiba – PR

CAPÍTULO 5
ECOLOGIA ARBORÍCOLA

Aqui no Brasil as áreas adequadas para a cultura de cherimóia e de atemóia têm que ser mais bem definidas. O que pode nos orientar são os lugares, tanto aqui como lá fora, onde a cherimóia e a atemóia se desenvolveram e frutificaram bem; são indicadores muito preciosos na escolha do lugar onde implantar uma nova cultura.

Hoje, com as novas variedades de cherimóia, temos que ser muito reservados sobre certas afirmações simplistas a favor ou contra. Está comprovado que certas regiões que foram tradicionalmente consideradas como áreas adequadas para a atemóia são também excelentes para a cherimóia. Sabendo-se das diferenças de qualidade comercial entre um fruto e outro, quando se tem que escolher entre plantar cherimóia ou seu híbrido, a preferência tende a ser dada à primeira, quando as condições climáticas o permitem.

Como se sabe, a Austrália é a terra mãe da atemóia, seguida pela Flórida e depois por Israel. Neste último, a implantação de atemóia foi feita por um erro, pois pensavam ser uma variedade da cherimóia. Porém, como a atemóia adaptou-se, desenvolveu-se bem e frutificou, foi implantada a cultura. Hoje, na mesma região planta-se também a cherimóia.

No sul dos Estados Unidos, as culturas de atemóia se localizam na Flórida e as de cherimóia na Califórnia.

Sabe-se que Taubaté foi o berço da atemóia no Brasil e que ela lentamente imigrou, no estado de São Paulo, para Caçapava, São Bento do Sapucaí, Mogi das Cruzes, Pilar do Sul, Piedade, Campinas, Valinhos, Itapetininga, Botucatu. No sul de Minas, para Paraisópolis, Barbacena, São Gotardo e Turvolândia. No Paraná, para Londrina e Assaí. Existem ainda algumas plantações no Distrito Federal e em regiões próximas de Vitória.

Temos conhecimento da existência de plantações de cherimóia em diversas regiões do Brasil, como Toledo, Pilar do Sul, Paraisópolis. Olhando o mapa do Brasil, onde se localizam as plantações tanto de cherimóia como de atemóia, podemos notar claramente que aparecem sobre o Trópico de Capricórnio e sempre a mais de 600 m de altitude.

Área de ocorrência da cherimóia e da atemóia

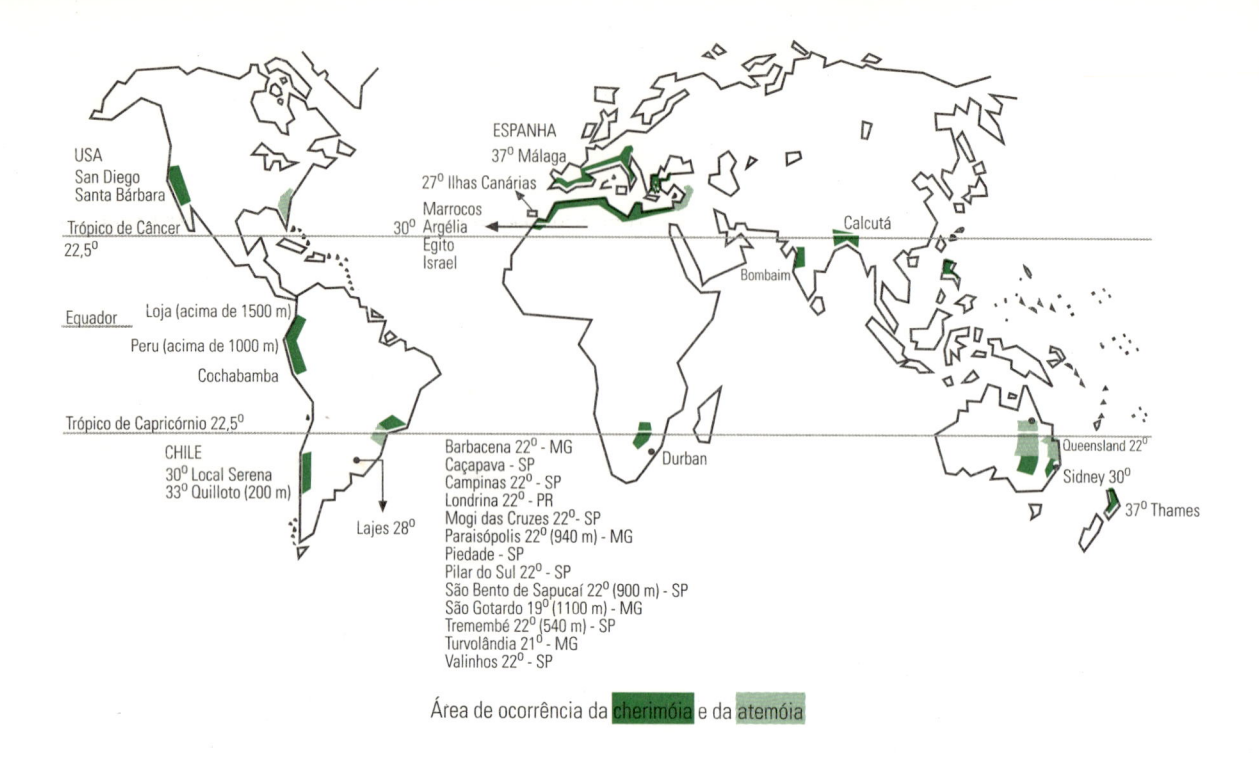

Olhando para o mapa-múndi, observando as regiões onde foram implantadas as culturas de cherimóia e atemóia, constatamos o seguinte:

1) O hábitat natural da cherimóia é a floresta tropical do Equador, do Peru, e perto da linha do Equador, na província de Loja, onde se encontram plantas nativas em altitudes de 1.600 m. No decorrer dos séculos, ela imigrou por intermédio do homem e dos animais, para a Bolívia, Colômbia e sul do México e se aclimatou muito bem.

2) Em altitudes inferiores as plantações de cherimóia e de atemóia se desenvolveram muito bem sobre o Trópico de Câncer e de Capricórnio dentro de uma faixa de 20º a 37º de latitude. É importante lembrar que para cada 100 m de altitude há um grau de variação de temperatura.

Quando Miranda plantou as primeiras mudas de atemóia, em Taubaté, no Trópico de Capricórnio, inconscientemente as colocou num lugar relativamente adequado, embora seja uma região muito úmida.

Já se confirmou que subindo a 1.000 m de altitude a cherimóia se encontra num lugar favorecido. Percebe-se também que em muitos lugares, não em todos, onde vai bem a cherimóia vai bem a atemóia.

Esses são pontos de referência de primeira importância a considerar para a escolha do lugar de plantação. Observando as regiões onde se localizam as plantações de cherimóia e atemóia no mundo, podemos deduzir que no Brasil a área cultural da cherimóia seria muito grande. Ela se localiza especialmente na linha do Trópico e abaixo, ou seja, em todo o sul do país, mas também subindo até 10º acima do Trópico de Capricórnio. Se subirmos em direção ao norte do país, a altitude necessária passará dos 600 m, entretanto quando descermos para o sul a altitude terá que ser menor.

Existem dois fatores de importância capital: a *temperatura* e a *umidade*.

Temperatura

Os incas do antigo Peru diziam que a cherimóia gosta de ver a neve e sentir o frio, mas só de longe.

Em nossa plantação, no sul de Minas, depois de uma geada considerada muito forte para a região, - 2ºC, constatamos que as jovens plantas de atemóia sofreram, porém não morreram. No mesmo lugar, no caso das plantas de cherimóia, galhos, brotos e folhas não sofreram a ação da geada. As plantas adultas de cherimóia suportam de fato temperaturas mais baixas.

Raeratai é o nome de uma variedade de cherimóia e também de uma pequena localidade, na Nova Zelândia, onde se plantam tanto o kiwi como a cherimóia, região com mais de mil horas de frio abaixo de zero vegetativo.

Durante a dormência, a planta suporta bem uma temperatura abaixo de zero. Sendo o zero vegetal de +7ºC, para a cherimóia se estimam necessárias de 50 a 100 horas de frio anuais. A dormência favorece na primavera uma boa brotação das gemas frutíferas. Para isso são necessários quatro meses de descanso da árvore. A planta entra em crescimento somente se a própria terra tiver mais de 15ºC de temperatura e o ar entre 7ºC e 28ºC. A temperatura para a maturação do fruto se situa entre 8ºC e 22ºC.

A atemóia suporta uma temperatura um pouco mais alta. É muito sensível ao frio, portanto ela se aclimata a temperaturas mais altas do que a cherimóia. O zero vegetal da atemóia está entre 8ºC e 9ºC. Para seu bom crescimento a temperatura do ar necessária deve estar entre 13ºC e 32ºC e, para uma boa maturação do fruto, entre 13ºC e 26ºC. Observa-se que em termos de crescimento ideal existe uma diferença de 5ºC ou 6ºC entre a cherimóia e a atemóia. Tanto para a cherimóia como para a atemóia as melhores condições para uma boa polinização são entre 27ºC e 28ºC de temperatura atmosférica do ar e no mínimo entre 70% e 80% de umidade. Temperaturas acima de 32ºC não são adequadas para a cherimóia. Observando-se a tabela apresentada a seguir, é possível perceber que a temperatura máxima absoluta das áreas produtivas de cherimóia no Chile é a mesma que no Brasil.

Umidade atmosférica

Podemos dizer que a umidade do ar é tão importante para a cherimóia e a atemóia quanto as horas de frio o são para o kiwi ou para a maçã, por exemplo. Para uma boa polinização e frutificação, a umidade atmosférica deve ser acima de 80%. Porém uma saturação excessiva da umidade também é contra-indicada por causa das doenças.

Clima de Quillota - La Cruz - Chile / Plantação de cherimóia
Oficina Meteorológica do Chile - 1980 (°C - % - mm)

	Média	Máxima Média	Mínima Média	Máxima Absoluta	Mínima Absoluta	Dias °C<0	Umidade Rel. Med.	Precipitação em umidade
Janeiro	18,5	26,7	11,6	36,4	6	0	70	2,5
Fevereiro	18	26,4	11,3	35	6,3	0	72	6,3
Março	16,5	25,6	9,8	36	3	0	73	2,2
Abril	14	22,6	8,1	33,8	(1)	0,1	77	12,4
Maio	12,3	19,2	7,4	32	(0,1)	0,1	81	77,4
Junho	10,5	16,7	6	29	(2,3)	0,8	82	125,4
Julho	10,2	16,7	5,3	30	(2,4)	1,2	81	86,2
Agosto	11	18,1	5,8	31	(3,5)	0,3	80	78,4
Setembro	12,4	19,6	7	32	0,8	0	79	25
Outubro	14,2	21,8	8,2	37	0	0	75	13
Novembro	16,1	24,4	9,2	35	3	0	71	4,8
Dezembro	17,8	26,2	10,7	37,5	5,5	0	68	2,6
Anos	14,3	22	8,4	37,5	3,5	2,5	75	436,2

Oficina Meteorológica do Chile - 1980

Clima de Pindamonhangaba (°C - % - mm)

	Máxima Média	Mínima Média	Máxima Absoluta	Mínima Absoluta	Umidade Rel. Med.	Precipitação em umidade
Janeiro	32,5	19,1	37	15,4	80,9	196,5
Fevereiro	32,5	19	36,6	16	80,4	215,8
Março	31,2	18,1	35,5	14,7	81,7	200,3
Abril	29,9	16,6	35,2	10,8	81,8	105,8
Maio	27	23,6	32,1	7,7	82,6	87,8
Junho	25,6	9,8	30,9	2,8	81,6	34,6
Julho	24,8	10,1	30,2	3,9	78,7	31,1
Agosto	27,1	11,2	33,2	4,9	76,3	23,7
Setembro	27,7	14	35,8	7,2	76,6	70,5
Outubro	29,6	16,5	36,1	10,6	75,9	117,5
Novembro	31	17,9	36,2	13,6	75,7	108,3
Dezembro	31,4	18,6	36,1	13,8	79,7	168,2
Anos	29,2	15,4	34,6	10,1	79,3	1360,6

Tabela por nós elaborada a partir dos dados fornecidos pelo Instituto Agronômico.
Climatologia Agrícola – Período de 1986/1995.

Sabe-se que uma planta é *exigente* em água, quando as folhas não gostam de sua falta, e muito menos os frutos. Se tivermos abaixo de 600ml/ano de chuva haverá falta de umidade e acima de 1.600ml/ano existirá risco de haver excesso, portanto devemos evitar plantar nesses extremos.

Ao lado publicamos duas tabelas com temperaturas e umidades. A primeira é das regiões chilenas onde existem plantações de cherimóia; a segunda da região de Pindamonhangaba, o berço da atemóia.

Olhando e comparando as duas tabelas de temperatura e da umidade atmosférica, percebe-se que no Chile a umidade atmosférica durante a época de polinização é de apenas 70%, o que exige o uso da polinização artificial.

No Brasil temos facilmente na época da floração 80%, o que favorece uma melhor polinização. Em termos de *precipitação*, a quantidade de água de chuva corresponde no Chile a um terço do que temos no Brasil e por isso eles precisam necessariamente da irrigação.

Aqui no Brasil, podemos ver que o índice pluviométrico é mais bem distribuído durante o ano do que no Chile, mas não podemos esquecer que esses dois fatores – precipitação de água e umidade atmosférica – favorecem a entrada de doenças nas culturas brasileiras.

Em termos de *temperatura*: a temperatura mínima absoluta do Chile desce facilmente e fica abaixo de zero grau. Até -2,5ºC a planta de cherimóia suporta bem, porém o fruto tem que ser protegido.

A temperatura de -2,5ºC deveria ser considerada um limite restritivo para implantar uma cultura de cherimóia.

Observamos também que as diferenças de temperatura entre a máxima e a mínima não são grandes nem no Brasil nem no Chile.

É curioso constatar que a temperatura máxima absoluta é praticamente a mesma aqui no Brasil, para a atemóia, que no Chile para a cherimóia. Mas, se compararmos novamente o clima de Pindamonhangaba e o clima de Quillota em termos de temperatura média, constatamos que existe uma diferença de 4ºC ou 5ºC. Em Pindamonhangaba faz muito mais calor do que em Quillota.

Para a atemóia o clima de Pindamonhangaba é muito úmido e a temperatura muito alta, o que favorece o desenvolvimento de doenças e de rachadura do fruto.

Quando essas temperaturas se mantêm altas por um longo período, em janeiro, fevereiro e março, a maturação do fruto é precoce, pois, independentemente da época em que foi polinizado, o fator de maturação depende das horas de calor acumulado. Assim chegamos à conclusão de que o ideal nunca é alcançado.

A região do Vale do Paraíba não pode ser definida como uma área preferencial absoluta para a atemóia, embora ela tenha se aclimatado relativamente bem. Mas para o cultivo da cherimóia é uma região arriscada, como podemos constatar.

Esperamos que as informações e considerações aqui apresentadas possam ajudar o futuro produtor a tomar as suas decisões: o que plantar, cherimóia ou atemóia? Onde plantar? Como já disse, na realidade o ideal não existe; o que se deve fazer primeiro é considerar as áreas de risco: risco de geada, abaixo de -2,5ºC, a falta ou excesso de umidade, longo período de temperatura máxima média; índice pluviométrico alto; ausência total de horas de frio, que impediriam que a planta entrasse em dormência.

Pessoalmente, ao escolher o lugar para implantar a cultura da cherimóia e atemóia, fiz uso de uma carta topográfica do Brasil da Fundação IBGE. Procurei um terreno agrícola com uma altitude de 960 m no Trópico de Capricórnio, onde o risco de geada fosse mínimo. Para isso só precisei subir a Serra da Mantiqueira, a 400 m de altitude acima de Pindamonhangaba, que está a 540 m acima do nível do mar. Depois me distanciei 50 km, para encontrar uma área com menos chuva e temperatura máxima média 4ºC mais baixa do que lá. Assim me aproximaria de um microclima ideal.

A 960 m de altitude, no Trópico de Capricórnio, não só a atemóia prospera, como também a cherimóia floresce e frutifica bem.

Como pude constatar, uma diferença de altitude de 400 m para cima ou para baixo determina a escolha de uma ou outra variedade de cherimóia ou de seu híbrido para implantar uma cultura comercial.

Pode-se dizer que a cherimóia gosta de uma umidade atmosférica ao redor de 70%, mas na época de polinização 80% seria o ideal.

A delimitação da área cultural para a implantação de uma cultura de cherimóia ou de atemóia é uma questão delicada, mas hoje já temos alguns parâmetros que nos permitem uma orientação melhor do que dez anos atrás.

Um erro que não se pode cometer, é o de plantar uma planta de clima subtropical em clima tropical.

Não adianta querer distanciar demais uma planta de seu hábitat nativo. Então, quem quer implantar uma cultura deve primeiro encontrar a área cultural adequada e não forçar a planta a se aclimatar onde ela não possa viver bem. É bom insistir nesse fato.

Resumindo, os fatores a serem considerados para determinar a área propícia para a implantação de uma cultura de cherimóia ou de atemóia são: longitude, latitude, altitude, temperatura, umidade atmosférica, índice pluviométrico, intensidade dos ventos e textura do solo. Destes, somente os dois últimos podem ser remediados, pois do vento se pode proteger artificialmente e a terra pode ser corrigida.

Iremos examinar de outro ponto de vista esses fatores no Capítulo 7, "Cherimóia ou atemóia" (p. 41).

Viveiro Bona

Produz mudas de qualidade.

Atemóia
Cherimóia

Amora suíça
Babaco
Feijoa
Framboesa
Granadilla
Kiwi
Lichia
Tamarillo, e outros.

Para seu projeto, não hesite em nos contatar.
Nossa experiência no campo pode lhe ser muito útil.

Tel.: (35) 9984.0125 – Viveiro – Reg. nº 7932/p - 3718/v – Gonçalves – MG
Tel./Fax: (11) 3022.3083 – Escritório – SP
E-mail: bonaventure@uol.com.br

CAPÍTULO 6
AS PLANTAS CULTIVADAS E AS VARIEDADES

A maioria das plantas frutíferas cultivadas na realidade são duas, que, por sua vez, resultam numa só. Uma é o porta-enxerto, que forma o sistema radicular, no qual se enxerta a variedade desejada, também chamada de "cultivar", para constituir a parte aérea e frutífera. Para que o enxerto "pegue" e se solidifique bem, é preciso uma compatibilidade genética entre o porta-enxerto e a variedade enxertada. Em geral, os dois são da mesma família. No caso da cherimóia e da atemóia, o porta-enxerto é da mesma família das anonáceas. Aqui no Brasil a família das anonáceas é numerosa, porém poucas anonáceas brasileiras têm uma boa compatibilidade para servir de porta-enxerto.

Na arboricultura, o enxerto é prática comum, muitas vezes porque a variedade que se deseja cultivar não tem estabilidade genética, como é o caso da atemóia e da cherimóia. A multiplicação por semente serve ou para a pesquisa de variedades novas ou eventualmente para produzir porta-enxertos. Mas, no caso da cherimóia e sobretudo da atemóia, o sistema radicular das variedades modernas é muito sensível às doenças e por isso precisa ser enxertado em uma anonácea que tenha maior resistência a essas doenças, que habitualmente poluem o solo do clima subtropical.

A história das variedades da cherimóia e da atemóia prova a veracidade dos contos de fada de nossas vovozinhas: é no fundo do quintal que se encontra o tesouro. De fato, foi lá que encontraram por acaso as melhores variedades, que depois foram multiplicadas por enxerto. Até hoje as estações experimentais de pesquisa espalhadas no mundo inteiro não chegaram a encontrar as variedades que tenham qualidade superior às que foram encontradas nos fundos de quintal.

Existe uma infinidade de variedades de cherimóia e atemóia. Cada uma delas tem suas particularidades. Algumas se adaptam bem a uma determinada região, outras suportam melhor o frio. A própria vegetação pode ser mais ou menos exuberante. Alguns frutos possuem muitas sementes, outros poucas. O tempo para produzir depende da variedade. Há variedades com teor de açúcar mais alto que outras. Algumas se adequam mais ao gosto da população de uma determinada região, outras a outros paladares.

Há tempo se observa que as características do fruto da cherimóia e da atemóia mudam significativamente de uma região para outra: parecem nem pertencer à mesma variedade. A qualidade de uma atemóia de Lins é muito diferente da de Londrina, ou de Paraisópolis, ou de Pilar do Sul ou de Caçapava. A cherimóia produzida no sul de Minas e em Pilar do Sul é nitidamente superior a qualquer fruto de cherimóia importado. Nossa cherimóia parece até ser um fruto diferente dos frutos importados.

A sensibilidade do fruto é tão grande que dependendo do clima, do cuidado cultural, da temperatura e da umidade atmosférica, ele reage de modo diferente. Esses fatores determinam inclusive o gosto e outras características de cada variedade. Portanto, torna-se difícil descrevermos cada uma das variedades aqui citadas.

Variedades de cherimóia

No Chile: Concha Lisa, Concha Picuda, Concha Pesada, Concha Corriente, Bronceada, Piña, Terciopelo ou Felpa, Tumba, Pococay, Canaria, Copucha, Cuero, Local Serena, Juliana, Margarita, Impresa, Plomiza, Serenense Lisa, Serenense Larga, Santa Julia e Dedo de Dama.

Na Espanha: Fino de Jete, Cristalino, Negrito, Campa.

Na Califórnia: White, Bays, Lisa, Libby, El Bumpo, Oakwood, America, Ott, Whaley, Haluza, Pierce, Thomson Spain, Booth, Chaffey, Deliciosa, Golden Russet, Sallmon, Mc Pherson, Ryerson, Loma e Carter etc.

Na Nova Zelândia: Raeratai e Burton's Favorite.

No Peru: Existem excelentes variedades de cherimóia, que são batizadas com o nome do lugar onde foram encontradas em estado nativo – Asca, Cumbe, San Miguel, Ubilon, Lopecancha, Condecancha, Guayacayan, Chiuna 1-2-3. São variedades promissoras e atualmente estudadas em diversos países. Diz-se que existe uma variedade sem semente, em estado natural.

No México: Uma das variedades cultivadas é a Cortes II-31.

No Equador: Existem também boas variedades, mas até hoje nenhum trabalho de seleção foi feito.

Dentro dessa lista, incompleta, algumas variedades se destacam no plano comercial: a Fino de Jete é a variedade mais plantada no mundo inteiro e também a mais precoce, ainda mais do que as variedades de atemóia. As mais tardias são a variedade americana White e a Local Serena chilena. Em relação a qualquer outra variedade, a Burton's Favorite tem grande preferência na Nova Zelândia.

Os chilenos orientados para a exportação deram preferência à Concha Lisa e depois à Bronceada. Todas elas respondem muito bem à polinização artificial. As variedades citadas estão entre as mais plantadas no mundo por serem consideradas as melhores. Já se sabe que se aclimataram muito bem no Brasil e que os frutos de certas variedades são de qualidade excepcional. Com um pouco de técnica parece-me ser relativamente fácil produzir frutos quase o ano inteiro.

Variedades da atemóia

Das quatro grandes variedades de atemóia, a Pink's Mammoth é a mais antiga do mundo, data de 1870. Produz alguns anos após a sua plantação. É a mais plantada no mundo e a mãe de todas as outras. A variedade chamada no Brasil de Thompson é, na realidade, a variedade australiana Hillary, que algumas vezes também é chamada de White e é a segunda mais plantada, tendo uma relação direta com a variedade Pink's Mammoth. A descoberta dessa variedade foi um acaso: um arboricultor observou que em seu pomar havia uma árvore da variedade Pink com galhos produzindo frutos com brix (teor de açúcar) mais alto, de formato um pouco diferente. Ele o saboreou e "viu que era bom", exatamente como Deus na história da criação do mundo. Nos anos seguintes, a história se repetiu. Enxertando esse galho, chamado de "sport", originou-se uma nova variedade, que recebeu o nome de sua esposa, Hillary, que também gostava do fruto.

Na realidade existe relativamente pouca diferença entre o Mammoth e o Hillary. A diferença significativa está em que o brix do nosso Thompson é mais alto, indo até 28, e em geral tem mais sementes e o fruto é menor.

A variedade African Pride é a mesma que a israelense Kaller. Foi exportada para o sul da África, onde ganhou esse nome. Com o nome novo, viajou pela Austrália e não se sabe como chegou ao Brasil. Seu fruto também é de excelente qualidade. Alguns produtores afirmam que existe a African Pride I e a African Pride II. É a atemóia que mais se parece com a cherimóia.

Quanto à variedade Gefner, de origem israelense, seu gosto é delicioso, perfumado e refinado, porém racha com facilidade, dificultando o transporte. Possui mais sementes que as demais variedades e, devido à sua forma, esconde mais facilmente a antracnose que as outras variedades aqui no Brasil.

Surgiu no mercado brasileiro uma nova variedade, que se chama PR3. Do ponto de vista dos produtores, essa variedade não tem qualidade melhor ou superior às quatro já citadas, por isso não apresenta maior interesse. Recentemente, não se sabe como, surgiu no Brasil a variedade Bradley, sem interesse particular, de fruto pequeno, pele fina, cultura desaconselhável no próprio país de origem, Estados Unidos.

Em Israel existem as variedades Malalai, Kalinwi e Kabri; nos Estados Unidos, a Page, a Bradley e a Bernitski (Flórida). A mais recente é a African Pride sem semente, que particularmente não conheço.

No estágio de conhecimento que nos encontramos, seria precipitado afirmar que uma variedade seja mais adequada para tal região que outra.

CAPÍTULO 7
CHERIMÓIA OU ATEMÓIA

Com tantas informações variadas, o que plantar? É uma decisão de importância vital que não pode depender apenas de uma apreciação subjetiva. Não podemos ignorar a globalização do mundo moderno, da qual já fazemos parte, de um mundo sem fronteiras e de uma rede poderosíssima de comercialização que necessariamente controla a venda de uma grande parte dos frutos. São as grandes redes comerciais de distribuição, com seu marketing, que finalmente ditam as normas do que está em pauta ou não. Existe o marketing que influencia diretamente o consumidor, e no final cabe a este último dizer sua preferência e decidir o que consumir. Os produtores são obrigados a se adaptar às exigências do mercado e ao gosto do consumidor.

Existem de fato, perspectivas de exportação, pois os frutos produzidos no Brasil são de uma qualidade extraordinária.

A realidade mostra que mundialmente existe uma preferência de 90%, por parte do consumidor, pela cherimóia e apenas de 10% pela atemóia. Até nos países tradicionalmente produtores de atemóia, a tendência é aumentar as culturas de cherimóia. Esse fato é extremamente significativo e não pode ser ignorado.

A escolha entre a cherimóia e a atemóia (abstraindo-se os gostos) pode facilmente ser comparada com o que se passa no plano comercial com as duas grandes variedades de kiwi, que são a Hayward e a Bruno: mesmo que esta última seja de qualidade superior, é a Hayward a preferida pelo consumidor. Os consumos mundial e brasileiro de kiwi são 95% da variedade Hayward. O produtor brasileiro que plantou a variedade Bruno se encontra em desvantagem evidente e seus frutos sempre alcançarão um preço inferior à variedade Hayward. Já existem indícios de que a mesma coisa irá acontecer, aqui no Brasil, em relação à cherimóia e à atemóia. Na Ceagesp, em abril/maio de 1998, os poucos frutos de cherimóia comercializados alcançaram preço nitidamente superior ao da atemóia. Esse fenômeno poderia ser parcialmente atribuído à força do marketing, mas não é só isso. Comparando item por item, as qualidades e os defeitos desses dois frutos, passa-se a compreender facilmente por que o sistema de comercialização dá preferência à cherimóia.

Quando se tem a possibilidade de escolha, minha preferência e tendência pessoal é plantar a cherimóia.

Dentro da grande escolha de variedades, tenho preferência pela atemóia Pink's Mammoth e pela cherimóia Fino de Jete, ambas antigas variedades já aprovadas no mundo inteiro.

Apesar de se dizer que uma boa cherimóia é melhor que uma boa atemóia, os dois frutos são de excelente qualidade organoléptica. Aos olhos do consumidor, a aparência da cherimóia é considerada superior. A sua conservação (tanto na árvore quanto na câmara frigorífica) é excelente e pode ser controlada, o que não ocorre com a atemóia. O tamanho maior da cherimóia corresponde mais ao gosto brasileiro. Quase todas as variedades da cherimóia suportam melhor o transporte. A pele do fruto da atemóia é extremamente sensível ao frio. Durante o tempo de crescimento, facilmente aparecem manchas pretas, desvalorizando-a, enquanto a da cherimóia é mais resistente ao frio e ao sol. Pelo fato de existir um grande número de variedades selecionadas da cherimóia, é possível ajustar o tempo de produção para antes, durante e depois do da atemóia.

No plano cultural, se a atemóia é sensível à antracnose, a cherimóia o é ainda mais. Sem dúvida, as variedades Concha Lisa e Bronceada são mais resistentes à antracnose que a variedade Fino de Jete.

Pelo que pude observar no campo, parece que a cherimóia, com exceção a variedade Fino de Jete, produz um ano mais tarde que a atemóia. Entre as variedades de atemóia, a entrada em produção é a mesma.

Recentemente foi descoberta uma excelente variedade de cherimóia, de polpa branca, sabor excelente, de pouca semente, com 700 g a 1 kg, de bela aparência e que suporta bem o transporte. Na floresta equatoriana, sua terra de origem, a baixa altitude, adapta-se muito bem em clima quente e no Brasil está em fase de aclimatação.

CAPÍTULO 8
O BERÇÁRIO

Quando se sabe que 70% do sucesso de uma cultura depende da qualidade da planta jovem que você confia à terra, torna-se evidente que no momento de adquirir as mudas é preciso cuidado, verificando-se:

1) autenticidade do porta-enxerto;
2) autenticidade da variedade encomendada;
3) ausência de doenças;
4) as mudas, de cherimóia e atemóia, deverão ser produzidas em contêineres de 3 l por um período de 18 a 30 meses.

A qualidade de uma muda depende do que não se vê, do que está escondido na terra, seu sistema radicular. No entanto, somos obrigados a comprar uma muda num saco, de olhos fechados, depositando nossa confiança na idoneidade, no senso de responsabilidade e no profissionalismo do viveirista.

A rigor só as plantas obtidas a partir de sementes sadias, isto é, recolhidas de plantas matrizes sadias ou, ainda melhor, de origem de meristema, poderiam receber o certificado fitossanitário.

Existem duas formas de você adquirir suas mudas, produzindo você mesmo ou comprando de um viveirista de sua confiança. As perdas no primeiro ano de uma plantação com irrigação podem chegar a 2% ou 3%, não mais do que isso.

Em seu estado natural, a cherimóia se multiplica por via sexuada, ou seja, a partir de sementes. Era assim que os incas faziam, da mesma maneira que ainda hoje, nos fundos de quintal de aldeias da América Central, persistem as mesmas velhas tradições incaicas.

Aqui no Brasil, para produzir uma árvore de cherimóia e atemóia de forma caseira e algumas vezes até em grande escala, pode-se colocar, diretamente na terra, entre três e quatro sementes no seu lugar definitivo. Quando essas sementes se desenvolverem, atingindo entre 30 e 40 cm, eliminam-se as plantas mais fracas, guardando apenas uma delas, que se deixa crescer. Depois de cinco ou seis anos a planta produzirá seus primeiros frutos. Pode ser que você tenha sorte de obter um fruto de qualidade excepcional ou até mesmo descubra uma nova variedade, ou vai ter que se satisfazer com o que a genética lhe reservou. E, se você não tiver sorte, terá que começar tudo de novo.

Existem produtores que têm plantas cultivadas nesse modelo caseiro. Usam a planta originária de sementes de cherimóia ou de atemóia como porta-enxerto. Então, plantam-se de três a quatro sementes no lugar definitivo, a uma distância de 6 m a 4 m, e quando a planta estiver com um ano e meio, terá alcançado a altura e a grossura adequada para ser enxertada diretamente no terreno, com a variedade desejada. Esse sistema oferece, depois de cinco ou seis anos de plantação, entre 50% e 90% de sucesso. Para implantar uma cultura comercial este sistema é de alto risco, pois há de 10% a 50% de perda. Qual será a causa?

Antes de responder a essa pergunta eu faria outra. Por que a cherimóia, que foi introduzida no Brasil há mais de 70 anos, por volta de 1925, e a atemóia, há mais de 35 anos, nos anos de 1960, se desenvolveram somente nessa última década? Sabendo que a cherimóia e especialmente a atemóia possuem um sistema radicular muito delicado e suscetível às doenças das raízes, parece-me que poderíamos responder que o sucesso de sua plantação depende de encontrar o porta-enxerto adequado. Ele tem que ser compatível tanto com a planta frutífera como com o nosso solo. É necessário ter melhor conhecimento das condições climáticas indispensáveis para o seu bom desenvolvimento.

O único porta-enxerto confiável já testado há mais de 40 anos é o araticum-de-terra-fria, que, como comentado, foi uma descoberta de Carlos Miranda, desenvolvida por Takanoli para a atemóia e, por nós, com a cherimóia (foto 20 - p.54).

Graças aos seus trabalhos e às experiências no campo de diversos produtores, nos últimos 10 ou 15 anos, o conhecimento da cultura foi se confirmando. Estamos no caminho certo, a tal ponto de podermos dizer que as dificuldades dessa cultura foram dominadas.

O araticum-de-terra-fria atualmente é o melhor porta-enxerto para a região de clima semitemperado e subtropical. No Trópico de Capricórnio e acima de 600 m de altitude pudemos comprovar que ele está perfeitamente adaptado e é compatível tanto com a atemóia como com a cherimóia, tudo indicando que, indo em direção ao sul do país, esse porta-enxerto irá responder muito bem.

Não se pode afirmar que o nosso araticum-de-terra-fria seja o único porta-enxerto adequado. Em nosso viveiro e cultura fizemos pesquisas com mais de 20 tipos de araticuns. Recolhemos sementes de origens muito diferentes tanto do Rio Grande do Sul, de Santa Catarina, do Paraná, do Mato Grosso do Sul quanto de diversos lugares do estado de São Paulo e Minas Gerais, produzindo uma grande quantidade de plantas jovens. Quando estavam no nível de desenvolvimento adequado, enxertamos mais de 4 mil plantas e algumas vezes o enxerto pegava, desenvolvendo-se durante seis meses até três anos; depois toda a parte enxertada morria. Ou seja, não havia compatibilidade suficiente entre alguns tipos de enxerto e as variedades enxertadas. Porém, com alguns tipos de araticum, outro tipo de planta da família das anonáceas, continuamos nossas pesquisas.

O resultado positivo de sete anos de pesquisas pessoais não se limita a confirmar o resultado da descoberta de Carlos Miranda e do trabalho de Takanoli, referente ao araticum-de-terra-fria como porta-enxerto da atemóia, mas também vem mostrar que existe uma perfeita compatibilidade do mesmo com a cherimóia, fato de importância capital quando se sabe que até hoje não existia no mundo um porta-enxerto adequado para a cherimóia a não ser dele mesmo. O Brasil tem hoje sete das melhores variedades de cherimóia já aclimatadas e compatíveis com esse porta-enxerto (foto 18 - p. 54).

O porta-enxerto de araticum-de-terra-fria apresenta duas grandes qualidades: tem perfeita compatibilidade com todas as variedades de atemóia e cherimóia, e boa resistência à broca do tronco, assim como às doenças da raiz, desde que as plantas sejam originárias de semente sadia ou, melhor ainda, originárias de meristema.

Depois de dois anos de plantação, para observar o estado do sistema radicular, retiramos a terra e tivemos a feliz surpresa de observar o pivô central descendo a 1 m de profundidade. Em outra oportunidade existiam três pivôs se formando a mais de 70 cm de profundidade – sendo que nos dois casos, com três andares de sistema radicular fino.

O araticum é a planta do mato brasileiro. O mato é facilmente infectado de doenças, sendo as mais graves no caso de nosso porta-enxerto a antracnose e a phytophthora. Formar o porta-enxerto a partir de semente de planta doente representa um grande risco de infectar todo o viveiro e depois a cultura ao formar e implantar as plantas doentes na cultura (fotos 16 e 17 - p. 54). Quando a jovem planta provém de uma semente oriunda do mato, não alcança nos primeiros seis meses de sua estadia no viveiro mais do que 30% de resultados positivos e no decorrer dos primeiros anos da cultura ainda tem perdas significativas. A única solução para preservar os aspectos fitossanitários sadios foi produzir plantas matrizes sadias e recolher as sementes delas. A diferença entre a semente de planta oriunda do mato e a semente produzida em cultura com os cuidados fitossanitários é considerável. As sementes de matriz sadia têm 90% de boa germinação e um desenvolvimento muito bom.

A produção no viveiro

O termo germânico *Baumschule*, ao pé da letra escola de árvores, define muito bem o que é um viveiro. O viveiro é um lugar onde nascem e são criadas as jovens plantas; é uma escola onde elas recebem sua primeira educação. É uma escola, um berçário onde acontece a preparação da planta frutífera, por isso merece um cuidado especial.

Em março/abril se recolhem os frutos de araticum, que são deixados durante 24 horas em solução de água com 2% de Benlate e quando os frutos estão maduros retiram-se as sementes. As sementes são, então, de novo tratadas com um fungicida e deixadas na sombra, num lugar arejado. Depois, é preciso fazer a triagem das sementes boas. Em abril/maio, já podem ser semeadas no viveiro. O poder germinativo dura pelo menos seis meses.

No canteiro, as sementes são dispostas sobre uma camada de 2 a 3 cm de areia de rio lavada e esterilizada e depois coberta por uma camada de areia fina, de 1 cm. Depois de cinco a seis semanas, começa a germinação (fotos 10, 11 e 14 - pp. 52 e 53).

Habitualmente, a germinação é irregular, podendo se estender por diversos meses. Quando a jovem planta tem quatro folhas, ela é colocada em saquinhos de plástico furados pretos de 3 l, com 30 cm de altura e 15 cm de boca em terra bem escolhida, bem arejada e preparada com todo o cuidado. Essas jovens plantas vão ficar no viveiro por 18 meses para, depois desse tempo, quando alcançarem a grossura de um lápis, serem enxertadas à moda inglesa (fotos 12 e 13 - pp. 52 e 53).

O enxerto à moda inglesa é usado para enxertar somente árvores jovens. É um enxerto muito "limpo", ideal para viveiro. De fato é o único enxerto que não deixa nenhuma ferida visível, pois a continuidade entre o cavalo e o enxerto é quase perfeita. Só pode ser praticado no caso de o diâmetro do cavalo e o do enxerto serem mais ou menos iguais. Não se pode esquecer de eliminar com a unha o olho situado no lado oposto do galho em que se fez o corte. Colocados um em cima do outro, os dois cortes oblíquos devem corresponder em comprimento e largura. Se a largura não coincidir, zelar para que pelo menos os *câmbios* se sobreponham de um lado.

Os dois cortes oblíquos correm o risco de facilmente se deslocarem, sobretudo na hora de serem amarrados.

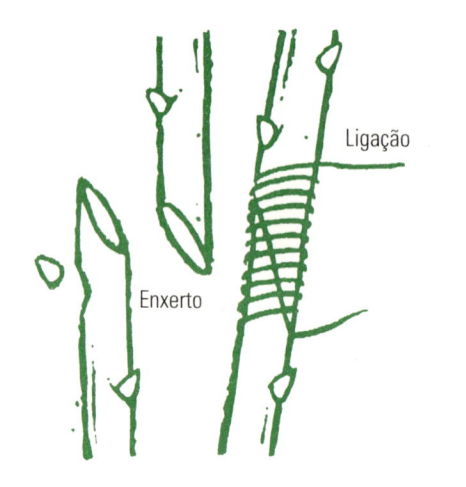

Enxerto inglês simples

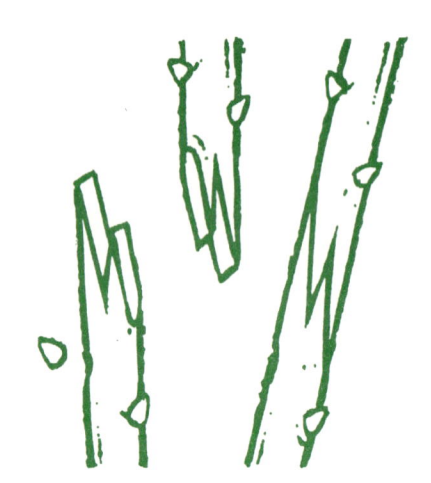

Enxerto inglês melhorado

O enxerto inglês complicado ou "melhorado" fica mais seguro pela confecção de lingüetas que se encaixam uma na outra. O pouco tempo que se gasta para esse aperfeiçoamento se recupera amplamente na hora de amarrar.

A época mais favorável para o enxerto é nos meses de agosto e setembro. Fazem-se os enxertos normalmente a 25 cm de altura no porta-enxerto, com a variedade de cherimóia e atemóia desejada. A planta enxertada fica no viveiro de três a quatro meses, recebendo o cuidado habitual. Esticando-a e guardando uma só perna, os enxertos pegam muito bem, mas devem-se tomar os cuidados habituais como com qualquer muda enxertada.

Em novembro/dezembro, pode-se confiar a planta à terra. Nessa época, a planta enxertada já alcançou entre 60 e 90 cm de altura, porém ainda é muito frágil. E por isso é melhor cortar o plástico do enxerto depois que a planta foi transportada e colocada na terra (caso o plástico do enxerto não seja biodegradável) (fotos 15 e 19 - pp. 53 e 54).

Recomendações: evitar qualquer excesso de água. Quando jovem, a planta de araticum é extremamente sensível à falta ou ao excesso de água. É recomendável não usar adubo químico para a formação dessa jovem planta, pois não é necessário.

As mudas produzidas para serem cultivadas no sistema axo-vertical são produzidas em contêineres maiores e ficam um ano a mais no viveiro, sendo preparadas para essa finalidade. São plantas consideradas de dois anos e meio.

Outros porta-enxertos e outros meios de multiplicação do porta-enxerto

Foram desenvolvidas também pesquisas com o araticum-mirim como porta-enxerto da atemóia. Observamos que o araticum-mirim tem excelente resistência em terra úmida, encharcada. Porém o desenvolvimento desse araticum é muito mais lento e, quando enxertadas as plantas de cherimóia e atemóia, facilmente apresenta um estrangulamento no lugar do enxerto (fotos 21 e 22 - p. 55).

Durante três anos consecutivos, de 1994 a 1997, multiplicamos esse porta-enxerto por estaca, em estufa, em diversas épocas, com diversos tipos de hormônios de crescimento em diversas porcentagens. Chegamos a ter 50% de enraizamento, porém depois de três anos o desenvolvimento da planta não chegava a 30 cm de altura – era como se a planta tivesse sido modificada. Esse tipo de experiência por multiplicação de estaca parece-me merecer continuidade, com a finalidade de encontrar um porta-enxerto de crescimento lento. Nós mesmos abandonamos essas pesquisas.

Em 1997, com o intuito de encontrarmos um porta-enxerto para clima quente, experimentamos o clássico porta-enxerto de cherimóia usado em muitas culturas do mundo. Mas é cedo demais para chegar a qualquer conclusão definitiva. Diversos viveiristas fazem enxerto em fruta-do-conde e da condessa ou na pinha. As opiniões e observações são variadas, mas como não acompanhei essas experiências não posso opinar. Essas experiências e pesquisas merecem ser continuadas, mas sem precipitação. A aclimatação de uma planta não é só uma questão de porta-enxerto, mas também de condições climáticas.

É preciso saber que as experiências americanas na Flórida confirmam que a *Annona squamosa*, a *Annona reticulata* e a *Annona glabra* podem servir como porta-enxerto, porém existem problemas de incompatibilidade e de rejeição freqüentes alguns anos depois. Além disso, a sensibilidade do sistema propicia doenças.

Dependendo do país, os viveiristas adotaram uma ou outra variedade como porta-enxerto ideal. Assim, nos Estados Unidos foi a variedade White, no Chile, a Bronceada e na Espanha, a Campo. Essa prática se baseia mais no costume lendário do que numa realidade científica.

Na perspectiva de produzir mudas de qualidade, um passo importante foi dado, tendo sido recolhidas sementes nas árvores matrizes, que foram cultivadas e tratadas para produzir sementes isentas de qualquer doença.

Para um viveirista, a origem do material vegetal é de primeira importância. Em diversos países, hoje trabalha-se só com mudas de origem de meristema. Há quatro anos, em colaboração com um laboratório brasileiro de cultura *in vitro*, procura-se desenvolver a partir de meristema, o araticum-de-terra-fria, com o objetivo de obter um porta-enxerto renovado, sadio, isento de vírus e bactérias. Praticamente a técnica está dominada. E, para o início do ano 2000 existem boas perspectivas de oferecer eventualmente ao mercado mudas produzidas *in vitro*.

(1) Vista de uma bela produção brasileira de cherimóia no Sítio das Anonas.

(2) Diversos frutos de cherimóia. Variedades espontâneas (*spontanens*) colhidas no seu estado natural na região equatorial da Cordilheira dos Andes.

(3) Fruto de cherimóia, produção brasileira.

(4) Fruto de atemóia, produção brasileira.

(5) Fruto de cherimóia aberto.

(6) Vaso de terracota do período pré-incaico, datado de 1400 a 700 a.C., exposto no Denver Art Museum, EUA.

30 Léon Bonaventure

(7) Árvore de cherimóia nativa, vegetação espontânea típica na floresta equatorial (Equador).

(8) Árvore de cherimóia plantada por Francisco Rubiño Gomes nos anos 60 no Sítio das Anonas.

(9) Árvore de atemóia plantada por Nelson Miranda nos anos 60 na Fazenda de Laurent, em Tremembé.

(10) Germinação de sementes de porta-enxerto depois de cinco semanas confiadas à terra.

(11) Plantas jovens de três a cinco folhas a serem transplantadas em contêiner de 3 l.

(12) Porta-enxertos de 15 meses de formação no Viveiro Bona.

(13) Porta-enxertos de 16 meses pronto para ser enxertado.

(14) No viveiro, jovens plantas de três meses.

(15) Plantas enxertadas de 18 a 20 meses cultivadas no Viveiro Bona.

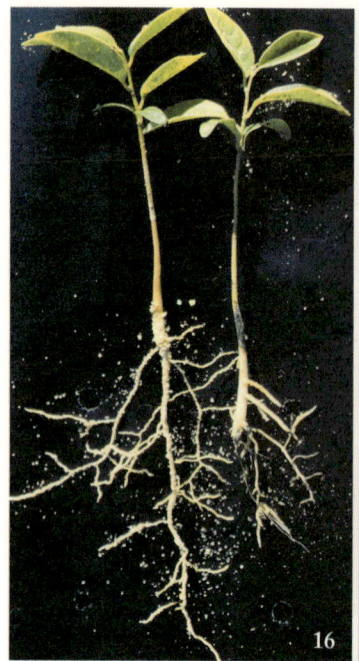

(16) Plantas jovens de três meses, uma sadia com um belo pivô central e outra com antracnose e sem pivô.

(17) Plantas de 15 meses, uma com um sadio e rico sistema radicular, outra contaminada por uma doença da raiz.

(18) Planta de cherimóia enxertada em araticum-de-terra-fria. Observe-se a perfeita compatibilidade entre eles.

(19) Plantas enxertadas prontas para serem plantadas. Produção do Viveiro Bona.

(20) O araticum-de-terra-fria, planta matriz.

(21) O araticum-mirim, planta matriz.

(22) Planta de atemóia enxertada em araticum-mirim e o risco de estrangulamento.

(23) Tela de 18% em cima. Na lateral, tela com 35% cobrindo uma árvore de atemóia.

PARTE II

Preparação do espaço cultural, o solo e sua adubação

O quebra-vento

A irrigação

A preparação das covas

A plantação

Controle das ervas daninhas

Adubação de manutenção

Fotos

CAPÍTULO 9
PREPARAÇÃO DO ESPAÇO CULTURAL, O SOLO E SUA ADUBAÇÃO

A terra é um dos principais fatores de produção: a produtividade do seu pomar começa com a fertilidade de sua terra. Não adianta querer tirar dela o que ela não tem a dar, como também é inútil dar uma adubação que é desnecessária.

Mas, desde o momento da implantação e durante o ano inteiro as suas árvores precisam encontrar todos os elementos nutricionais essenciais para serem bem alimentadas, por isso uma boa reserva precisa ser constituída para que as raízes tenham à sua disposição todos os elementos facilmente assimiláveis necessários para o pleno desenvolvimento.

Até o final do segundo ano de implantação, ou o mais tardar até o terceiro ano, é preciso que sua terra seja uma mesa farta, com comida rica e equilibrada, com proporções justas, à vontade, mas sem abuso. Nada de luxo ou desperdício. Uma boa alimentação é condição indispensável para um bom crescimento e também o melhor preventivo contra as doenças e pragas. Uma planta bem alimentada é mais resistente às doenças, inclusive às de raízes, e pragas.

Quando há uma boa reserva, uma planta pode se servir alegremente. Guardo até hoje a imagem de um professor de arboricultura que gostava de contar: "O solo é como uma esponja que precisa ter um pouco mais de água do que ela pode conter, para que as plantas possam absorver os elementos nutritivos à vontade".

Para culturas tão recentes no Brasil, como a da cherimóia e da atemóia, é difícil imaginar que já exista uma solução ideal para a questão nutricional mineral perfeitamente estabelecida. Que eu tenha conhecimento, não existe atualmente nenhum estudo científico no mundo a respeito, muito menos no Brasil, que pudesse nos orientar de maneira segura. Sabe-se já muita coisa, mas os conhecimentos podem ser muito melhorados. A cherimóia e a atemóia gostam de um solo próximo ao neutro, com um pH entre 6,2 a 6,5. Gostam também de um suplemento generoso em potássio, comparados às outras culturas. Basta olhar e tocar uma folha de cherimóia ou, particularmente, de atemóia, para sentir na sua consistência a presença do potássio. A planta tem também uma exuberância na vegetação, e para sustentar essa vegetação é importante o nitrogênio, especialmente nos três primeiros anos de desenvolvimento da cultura. Depois, quando o objetivo é produzir frutos e não massa vegetal, vamos ter que ser muito mais cuidadosos com o nitrogênio.

A cherimóia e a atemóia se adaptam a uma grande diversidade de solos, preferindo no entanto os solos arenosos, porém ricos em matéria orgânica. Com essas informações, adquiridas pela observação durante muitos anos por produtores espanhóis, australianos e chilenos, nós produtores brasileiros podemos ter uma idéia relativamente exata do que essa planta necessita em termos de solo e de nutrientes. Dessa maneira, é possível adaptar uma linha de conduta em termos de adubação de solo.

Habitualmente cabe a você preparar uma boa terra, trabalhando-a tanto fisicamente, como química e biologicamente. Fisicamente, qualquer solo para cultura de árvore frutífera precisa ser profundo e quando necessário deve ser subsolado. Quimicamente é necessário corrigir a acidez e incorporar os nutrientes que as árvores precisam e, no aspecto biológico deve-se incorporar a matéria orgânica para favorecer o desenvolvimento dos microrganismos benéficos a fim de restituir a vida à própria terra. Enfim, é preciso também considerar o estado fitossanitário da sua terra e, em caso de dúvida talvez seja necessário fazer uma análise da terra nessa perspectiva. A preparação do solo se faz simultaneamente nos aspectos químico, físico e biológico e sempre dentro de um determinado espaço e tempo.

A operação de subsolagem é muito importante, por diversos motivos: é uma maneira de conquistar mais espaço de terra, não em termos de extensão, mas em termos de profundidade e qualidade. Permite a aeração do solo, fazendo com que as águas da chuva sejam mais bem drenadas e também armazenadas; fornece melhor circulação do ar para as raízes e faz com que elas desçam mais profundamente na terra, à procura dos alimentos minerais e da água que precisam, favorecendo as árvores a se instalarem e se fixarem melhor na terra.

A subsolagem deve ser feita quando a terra está seca. Ela melhora a estrutura do solo em profundidade, favorecendo o desenvolvimento de microrganismos benéficos porque permite também aos nutrientes, corretivos e água descer profundamente pelo perfil da terra.

Quando se pensa em corrigir quimicamente um solo, a prioridade deve ser dada à correção da acidez, melhorando também os teores de cálcio e de magnésio. O pH do solo é fundamental porque condiciona a assimilação dos outros nutrientes, principalmente dos microelementos e do fósforo. Você pode ter um bom teor de fósforo no solo, mas se o pH for muito baixo a disponibilidade do elemento é bloqueada. Além do mais as plantas não crescem devido à presença inibidora do alumínio.

Como já dito anteriormente, a cherimóia e a atemóia gostam de um solo quase neutro, com pH entre 6,2 a 6,5. Porém, se a terra for muito rica em matéria orgânica, será difícil chegar a este nível de pH. Neste caso, ao alcançar um pH próximo a 5,6 ou 5,8 já será o suficiente.

Pelo fato de o calcário dolomítico conter magnésio, merece minha preferência e, caso precise de uma correção rápida do pH, pode-se usar cal hidratada Campical, obtendo-se o efeito desejado quase imediatamente. Todavia, tanto a utilização de calcário contendo magnésio como também o uso de cal hidratada devem ser feitos com critério, de forma a não desequilibrar o solo.

A correção do pH e dos outros elementos minerais se faz progressivamente, durante um período que pode levar diversos anos.

Em termos de matéria orgânica, a correção do solo se faz também no decorrer do tempo. Atualmente, não existem mais condições financeiras de se incorporar à terra 50 ou 60 t/ha de esterco de curral. É por isso que a estrutura do solo e sua biologia devem ser melhoradas com adubo verde um ano antes e no primeiro ano da plantação. Pode-se também usar, em lugar do esterco de curral ou torta de mamona, casca de arroz e casca de café, ou então outro material orgânico disponível. O importante é não jogar na terra material orgânico cru, que afeta o solo negativamente.

A maneira mais econômica de corrigir a matéria orgânica do solo é deixar crescer a vegetação espontânea do local, cortando-a de maneira regular. Oito a dez vezes por ano deve-se passar entre as linhas uma roçadeira tratorizada, pulverizando logo depois sobre esse capim recentemente cortado, o produto com microrganismos eficazes EM-4. Esses microrganismos favorecem uma boa decomposição e no espaço de dois anos já se pode melhorar a terra em termos de matéria orgânica em 10 a 20%, o que é bastante considerável.

Além disso, quando se pulverizam as plantas com o EM-5, aproveita-se para pulverizar o chão, e com esses dois elementos, o EM-4 e o EM-5, você cria condições muito favoráveis para devolver a vida à terra.

Análise do solo

A única maneira de conhecer bem sua terra é fazer a análise do solo, em um laboratório de confiança. Habitualmente uma simples análise de rotina, feita uma vez por ano, sempre no mesmo laboratório, é suficiente. Uma análise completa da terra, com macro e micronutrientes pode ser feita uma vez, a título de segurança, pois ela pode dar informações precisas e úteis especialmente em termos de boro, zinco, enxofre, etc., mas antes a terra deve ter sido corrigida em termos de macroelementos, pH e material orgânico.

Vale a pena gastar menos de R$ 10,00 (preço de 1998) para obter uma análise com as informações da terra. Normalmente, com os resultados das análises economiza-se dinheiro com o adubo que não será usado e investe-se no que realmente a terra necessita. Assim, essa simples análise nos ajudará a ter uma relação mais objetiva com a nossa terra, nosso patrimônio.

Como proceder

O procedimento básico para se retirar uma amostra de terra a ser analisada é raspar com a enxada uns 2 ou 3 cm da superfície do solo para efeito de limpeza e, com uma cavadeira, retirar a terra até uma profundidade de 40 cm. Essa operação deve ser repetida cerca de oito vezes, em diversos lugares do terreno, a fim de se obter uma amostra significativa de toda a superfície em que será implantado o pomar.

Após a mistura dessas oito amostras é preciso separar 500 g, que serão colocados em um saco plástico limpo, bem fechado e etiquetado com o endereço e a identificação da parcela de onde foi extraída a terra. Esse saco é colocado em uma caixa do correio para ser enviado ao laboratório de sua confiança.

Vamos supor um exemplo:

Compramos uma terra escolhida especialmente para a cultura de cherimóia e atemóia, fizemos uma análise de terra, pegando uma amostra significativa de diversas parcelas. Recebemos os seguintes resultados:

pH	MO%	P	K	Ca	Mg	S
3	1,8	7	0,05	0,1	0,1	12

Podemos observar que esta terra não é boa, ao contrário é pobre. Foi empobrecida por diversas culturas de mandioca. Olhando os resultados da análise podemos concluir que corrigir este solo de maneira adequada, não só iria custar muito dinheiro como muito trabalho por diversos anos. O solo deve ser corrigido progressivamente no espaço de dois a três anos, tendo por objetivo chegar ao final do terceiro ano a um solo recuperado e equilibrado.

Com apenas um pouco de prática, fica fácil perceber que, logo de início, a correção precisa incorporar ao solo 5 t de calcário dolomítico por hectare, 600 kg de fosfato e 600 kg de potássio. Para quem não conhece bem a química do solo e as interações entre os sais minerais e outros elementos, e também para evitar surpresas desagradáveis, recomendo trabalhar por etapas, dando tempo para não provocar reações químicas negativas, desequilíbrios, ou até problemas de toxidez no solo. A incorporação dos adubos deve ser feita progressivamente, com intervalos de uma chuva, para favorecer uma melhor dissolução e assimilação na terra.

Como trabalhamos para corrigir este solo?

Espalhamos na superfície do solo, 3 t/ha de calcário dolomítico e esperamos que a chuva favoreça sua incorporação ao solo. Depois espalhamos 300 kg de Yoorin e 300 kg de cloreto de potássio, e esperamos novamente pela chuva.

Agora é tempo de arar a 25 cm de profundidade para confiar os adubos à terra. Espalhamos da mesma maneira 1 t/ha de calcário, 200 kg de Yoorin e, de preferência, 200 kg de sulfato de potássio.

Chega o momento de subsolar, numa profundidade mínima de 50 cm e, se o solo o permitir, de 60 ou 70 cm.

Finalmente começa a última etapa com 1 t de calcário, 100 kg de fosfato e 100 kg de potássio, por hectare. Passamos novamente o arado e a grade, ou só o gradeado, terminando a primeira fase de preparação da terra. A primeira correção estará terminada. É preciso esperar que o solo descanse para poder fazer as covas com uma adubação específica.

Os adubos confiados ao solo precisam de um longo tempo para serem assimilados pela terra, por isso no ano seguinte se faz uma segunda análise de terra e com base nos resultados continuam-se as correções necessárias, sem interferir na estrutura do solo.

Na segunda análise é preciso interpretar corretamente os resultados, o que exige alguns cálculos ou eventualmente a consulta a um agrônomo.

O objetivo de toda essa correção do solo é alcançar um estado ótimo no fim do terceiro ano de plantação.

Todas estas operações custam dinheiro, com horas de máquinas, mão-de-obra, administração e também compra de adubos e corretivos. Toneladas em dinheiro enterrado. Atrás do trabalho braçal e do investimento financeiro existe a intenção de uma política agrícola que podemos chamar de doméstica, baseada principalmente no bom senso.

Existem diversos pontos de vista com argumentos que as justificam. Na minha opinião, o mais importante é que o arboricultor saiba o que está fazendo.

Data	pH	MO%	P	K	Ca	Mg	S
07/96	3	1,8	7	0,05	0,1	0,1	12
09/97	4,4	2	12	0,07	0,7	0,5	13
04/98	4,6	2,8	13	0,26	1,5	0,6	27
11/98	5,6	3	21	0,36	1,8	0,15	46

Ao analisar os resultados que obtivemos de quatro análises da terra feitas num espaço de 30 meses, percebe-se que estamos no bom caminho para a recuperação da terra.

Em termos de matéria orgânica, no 6º mês fizemos uma adubação verde e depois roçamos insistentemente o capim natural que estava crescendo entre as linhas. Com nossas técnicas de trabalho, e aplicando EM-Bokashi, EM-4 e EM-5 diversas vezes por ano "não irá demorar", disse-me um velho japonês, "devolver a terra ao estado em que estava no primeiro dia em que Deus a fez".

Em termos de calagem já nos aproximamos de um pH ideal, que é 6,2, para a prosperidade de nossas árvores. Para chegar a este pH o calcário dolomítico não foi suficiente, precisando ser acrescentadas mais 2 t/ha, em 2 vezes, de cal hidratada da Campical. Para a correção dos outros elementos como potássio, fósforo, magnésio e também do pH será só questão de tempo e de dinheiro disponível para alcançar o objetivo.

Se o nosso primeiro objetivo está quase alcançado e nossas árvores já podem encontrar seus alimentos o ano inteiro, também conseguimos preparar um solo que vai permitir a formação de uma nova cobertura vegetativa, por exemplo à base de trevo azevem e festuço (como se sabe, o trevo só se desenvolve bem num solo neutro). Esta nova cobertura irá fornecer, a um custo baixo, uma matéria orgânica excelente e parte do nitrogênio que nossas árvores de cherimóia precisam. Como se sabe, o trevo tem a capacidade de assimilar nitrogênio do ar diretamente e torná-lo disponível para as plantas. Uma aquisição de 120 unidades/ha, o que corresponde a 250 kg de uréia por ano, representa uma bela economia.

Para chegarmos lá, foi preciso recuperar o solo e torná-lo vivo, sendo que depois, segundo a lei da própria vida, riqueza trará riqueza.

Como foi dito no início deste capítulo, uma vez feitas essas correções com base nas diversas análises da terra, chega o momento de fazermos uma análise completa com macro e microelementos e pedir uma interpretação do próprio laboratório da análise, sendo que podemos receber algumas informações complementares e úteis.

Mas, olhando as árvores e também com o surgimento de uma nova vegetação nativa, considerada pelo homem do campo como símbolo de terra fértil, já se percebe os resultados de todo o trabalho que foi feito. Quem pisa nessa terra sente que pisa numa terra forte, viva, rica e sadia. O verde dos galhos e das folhas jovens é mais vivo e para que a diferença fique ainda mais patente, basta olhar do outro lado da cerca, no vizinho!

No decorrer de dois anos, trabalhamos em três diferentes níveis, complementando ou integrando um ao outro: o físico, o químico e o biológico. A subsolagem, aração e gradeação contribuíram muito no plano físico; a calagem e a restituição dos sais minerais à terra refizeram a química do solo; a incorporação do adubo verde e dos microrganismos eficazes favoreceram muito a vida na matéria orgânica, dando vida própria à terra e tornando-a novamente uma terra que respira. A relação de potássio e magnésio deve ser de 2 para 1.

Normalmente a cherimóia é mais exigente em potássio do que fósforo. Este último, pelo fato de ser um macroelemento relativamente estável no solo, se existir um excesso, fará uma boa reserva para o futuro e para os anos difíceis, e não será um dinheiro jogado fora e sim um dinheiro bem enterrado.

O leitor constatou que se faz apenas uma alusão ao nitrogênio : o motivo é simples, pois o potássio e o fósforo alimentam também a terra, enquanto o nitrogênio alimenta diretamente a planta. O nitrogênio é um assunto que diz respeito especialmente à manutenção, e será tratado mais adiante.

O trabalho da correção do solo continuará ainda por um ou dois anos antes de o solo ser totalmente recuperado, depois é só uma questão de manutenção. O princípio é simples: recolocar o que foi retirado do solo. Sabendo-se que o arboricultor trabalha quase sempre a longo prazo, o potássio e sobretudo o fósforo que serão incorporados ao solo num ano só terão seu efeito a partir do próximo ano.

É recomendável alternar o cloreto de potássio com o sulfato de potássio, reduzindo o cloro que pode ser prejudicial à planta e prevenindo também eventuais carências ligadas ao enxofre.

Em termos de calagem e adubação mineral, não anotei com exatidão o que foi aplicado em cobertura, a cada seis meses. Aproximadamente, para recuperar este solo utilizamos:

10 t de calcário/ha
 2 t de cal hidratada/ha
 1 t de Yoorin/ha
 1 t de potássio/ha

Isso corresponde a um quinto do valor gasto na compra do próprio terreno.

CAPÍTULO 10
O QUEBRA-VENTO

A cherimóia e a atemóia são particularmente sensíveis aos ventos fortes, por isso são plantas que gostam de área protegida. O vento forte tem uma influência negativa sobre a evaporação e transpiração do meio ambiente, sobre a vida biológica, a polinização e a frutificação. Além do mais, pode ter uma ação mecânica nefasta, desde quebrar galhos até arrancar as plantas, por causa do sistema radicular superficial. Sem chegar a esse extremo, o vento forte constante provoca atrito das folhas contra os frutos, deixando marcas pretas sobre eles, o que os desvaloriza. Algumas vezes o vento forte faz até os frutos caírem. Para criar uma área de proteção, a instalação de quebra-vento é necessária.

O quebra-vento é uma barreira de alturas diversas, semi permeável com 50% de permeabilidade, instalada para proteger especialmente dos ventos dominantes. Permite reduzir a velocidade do vento sobre uma distância igual a sete vezes a sua altura. Assim, um quebra-vento de altura de 6 m protege uma cultura à distância de 42 m.

Durante os dois primeiros anos de plantação, uma cultura de milho, de crescimento alto, funciona muito bem como proteção contra o vento.

Existem dois tipos de quebra-vento, o natural e o artificial. O natural é feito com uma plantação de árvores de crescimento rápido, como, por exemplo, o álamo, a grevilha, certos tipos de pinus, os eucaliptos, os cedrinhos e o sansão-do-campo. Elas devem ser plantadas a uma distância de 7 a 10 m da primeira árvore da cultura, caso contrário as raízes entrariam em concorrência com as raízes do pomar. A distância na própria linha de árvores de quebra-vento deve ser de 1 m entre cada árvore e o sansão-do-campo deve ter seis plantas por metro. Pode ter uma única espécie ou diversas espécies de árvores. O sansão-do-campo representa além do mais uma excelente proteção contra todo tipo de predador, humano ou animais.

O quebra-vento natural exige cuidados culturais: irrigação e adubação durante os quatro ou cinco primeiros anos, até que se instale bem. Depois de quatro ou cinco anos, deve-se a cada ano, cortar as raízes a uma distância de 3 m do tronco para não entrarem em concorrência com as raízes da cultura. Eventualmente as árvores precisam de uma certa poda para permitir a passagem do ar e do vento com 50% de proteção e eventualmente de pulverização contra doenças ou parasitas. Ou seja, a instalação do quebra-vento natural é fácil e pouco onerosa, mas exige manutenção.

Habitualmente cerca-se a cultura inteira com o quebra-vento natural, aproveitando uma passagem ao redor da cultura para a circulação das máquinas. Dentro da cultura, caso seja necessário, instala-se o quebra-vento artificial.

O quebra-vento artificial é feito com rede de sombreamento com 50% de permeabilidade. Ele é instalado no meio da cultura. A instalação tem de ser feita de maneira extremamente sólida. Para essa finalidade, usam-se mourões de madeira de 7,5 m de altura e com um diâmetro mínimo de 4 polegadas. Cada mourão deve ser enterrado com 1,50 m de profundidade, sobrando 6 m livres acima para até 42 m de área. A distância entre os mourões é de 8 a 10 m, dependendo de sua grossura. Para suportar a rede de sombreamento é preciso esticar fios lisos a 50 cm de distância entre um e outro. Uma vez instalados, costuram-se as peças da rede de sombreamento bem esticadas entre si.

É importante notar que embora o quebra-vento artificial possa ser instalado no inverno do final do segundo ano de plantação, ele deve estar previsto antes da implantação da cultura, para que se deixe o espaço necessário para sua instalação

Até recentemente, o grande inconveniente do quebra-vento artificial era o seu custo elevado. Com a entrada de novas firmas de rede de sombreamento no mercado, hoje o preço se torna acessível. Esse sistema de proteção artificial tem se desenvolvido muito no mundo e as vantagens são evidentes: a eficácia é imediata e não há concorrência de raízes com a cultura frutífera, não há doenças nem parasitas, não consome água nem nutrientes e, se estiver bem instalado, não precisa de manutenção.

Qualquer que seja o tipo adotado, é necessário fazer um estudo cuidadoso antes de sua instalação, caso contrário o efeito pode ser mais nefasto do que quando não há proteção alguma. Uma cultura bem protegida vai oferecer uma melhor polinização, um fruto de qualidade superior e maior rendimento. A proteção contra os ventos é um dos fatores de produção que não podem ser negligenciados.

SOLPACK

Telas Agrícolas, Decorativas, de Proteção e Sombreamento

Composição HDPE virgem.
Muito usado para sombreamento em cultivo de plantas ornamentais de folhagem, hortifrutis, viveiros, estufas. Telas decorativas para proteção de piscinas, campos esportivos, estacionamento de shopping, quiosques, jardins, sacadas.
Para construção civil com reforços nas bordas.
Protege contra vento, granizo e pássaros.
Grande resistência à radiação UV.

Rod. Júlio Antonio Bassa, Km 3,4, s/nº – B. Bom Jardim – Rio das Pedras – SP
Caixa Postal 10 – 13.390-000 – Fone/Fax: (19) 493-2928

CAPÍTULO II
A IRRIGAÇÃO

As necessidades hidrícas para a cherimóia e a atemóia são maiores do que para as árvores de folhas caducas. Estima-se entre 6.000 e 6.500 m³/ha de água por ano numa plantação de árvores adultas.

Como se sabe, em uma planta exigente de água, qualquer deficiência de água e umidade atmosférica durante o tempo da floração e frutificação afeta drasticamente a produção.

Nesse aspecto se diz que a atemóia é ainda mais sensível do que a cherimóia. A falta ou o excesso de água podem ser uma das causas da rachadura do fruto. É importante que durante o ciclo vegetativo de quase nove meses por ano, a planta tenha regularmente a quantidade de água necessária, mas não em excesso. As plantas jovens não suportam o excesso de água e as raízes morrem facilmente por asfixia.

É dificil conceber hoje uma cultura sem seu sistema de irrigação. Em grande parte as chuvas fornecem a água necessária para a cultura, mas em certas fases do desenvolvimento da planta a falta de água seria tão prejudicial que se torna necessário uma instalação fixa de um sistema de irrigação para fornecer no momento adequado o suprimento de água.

Nossa experiência nos mostra que no momento da brotação precisa-se dar um suprimento de água, assim como durante a primeira floração, para aumentar especialmente a umidade atmosférica.

Também durante os meses de março e abril, quando habitualmente não chove em algumas semanas, a função da irrigação é importante para suprir a falta de chuva e de umidade do ar. Logo depois da colheita, precisa-se reduzir progressivamente a utilização da irrigação porque antes e durante a época da dormência o tensiômetro não pode indicar mais do que 60 centibar.

É muito útil instalar alguns tensiômetros. Eles nos informam sobre a falta de água e indicam qual é o momento de irrigar.

O tensiômetro é um pequeno aparelho que serve para medir a tensão da água no solo, que quando úmido tem a tensão nula e, quando seco, a tensão alta. Sua graduação vai de 0 a 80.

Instalam-se de 2 a 3 tensiômetros na cultura em lugares diferentes e enterrados a uma profundidade de 30 a 60 cm e a uma distância de 60 ou 80 cm da planta.

Caso não se tenha um tensiômetro, pode-se medir o teor de umidade do solo de maneira artesanal: com uma cavadeira recolhe-se um pouco de terra que se aperta com as mãos. Se a terra formar uma massa compacta sem que a água escorra pelos dedos, o teor de água está certo; se a água escorrer, há um excesso de água; e, se a terra se desintegrar, não se compactar na mão, há falta de água.

Durante o ciclo vegetativo o sistema de irrigação tem que entrar em funcionamento quando o tensiômetro indicar 25 centibar, e durante a época de dormência, de junho a setembro, quando indicar 60 centibar.

Um bom indicador de falta de água na cultura é quando a grama de cobertura entre as linhas começa a murchar. É o melhor sinal de alarme para avisar que é hora de irrigar, mesmo durante a época de dormência. Quando se vêem as folhas murcharem e ficarem amarelas, é a indicação de que a planta já começou a sofrer de estresse, de uma falta de água que está se tornando prejudicial.

Existem tantos sistemas de irrigação que a escolha é difícil, e o sistema mais moderno não é necessariamente o melhor.

Depois da experiência com gotejadores, microaspersores, aspersores convencionais, eu diria que quando houver água disponível e à vontade, ao escolher um ou outro sistema, o mais importante seria considerar a facilidade do uso e da manutenção.

A vantagem do sistema de aspersão convencional é que durante o tempo de funcionamento, o teor da umidade atmosférica aumenta.

O sistema radicular das anonáceas é superficial, porém se a terra for subsolada e bem preparada antes da plantação, e se forem plantadas mudas com um belo pivô central, poderá se constatar, cavando a terra depois de 24 meses, que esse pivô central já desceu a mais de 1 m de profundidade. Algumas vezes o pivô central se ramifica em três raízes principais que também descem profundamente na terra.

As observações que fizemos em nossa cultura no fim de 1998 são extremamente interessantes: a planta consegue buscar nas profundezas a água que ela necessita, o que também prova a qualidade do tipo de porta-enxerto, assim como a importância de guardar no viveiro o pivô central da jovem muda.

Dentro de uma visão global da manutenção da cultura, a irrigação é importante para sublinhar que uma planta bem alimentada, sadia, formada equilibradamente é muito mais resistente ao estresse, à falta de água, que uma planta de raiz superficial, mal alimentada e doente.

Na prática, é extremamente importante não irrigar durante três a quatro meses antes da brotação, a fim de que os novos galhos tenham tempo de chegar à maturação completa.

A falta de água vai facilitar também a queda das folhas. Uma maneira de favorecer a entrada da planta em dormência é reduzir ao mínimo a irrigação.

Quando o fruto chega próximo à maturidade, é importante evitar qualquer excesso de água. Facilmente, o excesso de água provoca o aparecimento de rachaduras no fruto e até a queda prematura.

A partir do momento em que aparece o primeiro sinal de brotação a irrigação é necessária, e durante o tempo de floração, a irrigação deve se restringir ao mínimo possível.

CAPÍTULO 12
A PREPARAÇÃO DAS COVAS

No momento de se fazer as covas, já se deve ter optado por um tipo de espaçamento para a cultura: a convencional, a semi-intensiva, a intensiva ou então a superintensiva. Também já deve ter sido escolhido o sistema de condução das árvores. Aliás, o sistema escolhido determina a distância entre as covas, tanto dentro das linhas quanto entre as linhas.

Entre as linhas é preciso procurar que todas as partes da árvore, inclusive as mais baixas, recebam o máximo de luz e também prever que as máquinas agrícolas necessitam de passagem livre, sem entraves para o trabalho. Para determinar o espaço entre as linhas, a prática mostra que se multiplica a altura da árvore por 1,5. Ex.: uma árvore com 2,5 m de altura precisará de uma distância, entre as linhas, de 3,75 m ou seja: 2,5 m x 1,5 = 3,75 m.

Forma de cultura	DISTÂNCIA EM METROS					
	Clássica	Axo-vertical	Vaso	Cerca Nakanishi semi-intensiva	Cerca intensiva	Cerca superintensiva
Dentro da linha	12	4	4	6	3,5	3,5
Entre as linhas	8	4	6	4	4	3,5
Estimat. nº plantas/ha	104	625	416	416	714	816

A orientação das linhas depende da direção do vento dominante da região, da inclinação do terreno e, eventualmente, das curvas de nível e da iluminação solar, procurando-se sempre a melhor orientação para que a árvore toda receba o máximo de luminosidade o dia inteiro.

Nesse trabalho é preciso ter um espírito de precisão, mas sobretudo imaginação para prever como estarão as árvores daqui a cinco anos, qual será o espaço que vão ocupar e como serão efetuadas as diversas operações de manutenção. Fazer de conta que você é um topógrafo, é a única solução para determinar as covas e marcar com uma pequena estaca o seu lugar exato. É preciso prever o lugar dos caminhos, dos quebra-ventos artificiais e também a instalação da irrigação.

Habitualmente, para facilitar os trabalhos na cultura, planejam-se os chamados "blocos, quarteirões ou latas", que são espaços de 100 a 150 m de comprimento por 40 a 50 m de largura. É necessário pensar em tudo, porque uma vez confiadas à terra, não se pode mais mudar as plantas de lugar.

As covas são feitas habitualmente com um perfurador adaptado ao trator, com a broca maior entre 45 cm a 50 cm. Depois, é preciso ajeitar um pouco com a pá. O ideal da cova é que ela tenha de 60 cm a 80 cm de profundidade. Mistura-se a essa terra retirada com o perfurador 2 kg de calcário dolomítico, 1,5 kg de Yoorin master, 300 g de cloreto de potássio e de 5 a 8 g de bórax mais 15 a 20 l de esterco de vaca bem curtido ou outro adubo orgânico similar. Mistura-se tudo.

Recoloca-se toda essa terra adubada na cova, formando uma camada de 15 a 20 cm acima da superfície. Essa terra recolocada na cova acima do nível do terreno, irá com o tempo assentar-se e nivelar-se à superfície. Depois, coloca-se uma marcação em cima da cova e se espera de 60 a 90 dias antes de plantar, caso contrário corre-se o risco de queimar as raízes das plantas. Em relação à preparação do solo e adubação, a área está pronta.

As plantas vão ter parte do alimento necessário por dois anos. Só após um ou dois meses do plantio é que, pouco a pouco, iremos fornecer o nitrogênio. Esse trabalho de preparação leva meses e, quando terminado, já se gastou bastante em termos de dinheiro e de mão-de-obra e parece que ainda não se fez nada! Porém, o que se gastou é básico, essencial, indispensável...

MOTO JATO

Revendedor Autorizado

Tratores Microtratores e Motores Diesel - YANMAR

Pulverizadores - JACTO e YAMAHO

Tubos e Conexões em PVC - TIGRE AZUL

Fabricação de Tubos e Conexões em AÇO GALVANIZADO

Motobombas e Máquinas Agrícolas em Geral

YANMAR   TIGRE (QUEM FAZ COM TIGRE FAZ PARA SEMPRE)   jacto

Rua Aroaba, 105 / 111 – 05315-020 – Vila Leopoldina – SP
Telefax: (11) 837-9088

CAPÍTULO 13
A PLANTAÇÃO

Chegou a hora de confiar a jovem planta à terra. Algum tipo de sistema de irrigação já deverá estar instalado. Desde o clássico e velho regador de 15 l até um sistema moderno e sofisticado.

Como ainda existem poucas mudas disponíveis no mercado, é indispensável tê-las reservado, com bastante antecedência, com seu viveirista de confiança.

Como fazer? Com uma enxada abra de novo a cova, mas só o espaço necessário para confiar a planta à terra. Uma vez feita a pequena cova, corte o fundo do saco da muda e coloque-a na terra, colocando um pouco de terra em redor do saco, deixando apenas um espaço para cortar o saco no sentido longitudinal. Eventualmente é preciso liberar um pouco as raízes, que podem estar enroladas. Retire por completo o saco plástico. Aperte bem a terra. Não enterre a planta mais fundo do que estava no saco. Aperte bem ao redor das raízes, deixe uma marcação visível; irrigue e verá que com o tempo a terra da cova vai baixar. Por isso, o melhor é que a terra da cova fique de 3 a 4 cm acima do nível do terreno. Faça com a enxada uma boa bacia para recolher as águas pluviais. Caso não chova, não basta apenas molhar, será necessário irrigar mesmo, duas vezes por semana.

Duas observações importantes: 1) como as folhas são laterais, e não espirais, como é o caso de muitas outras plantas frutíferas, plante de forma que as folhas fiquem no sentido das linhas. 2) não enterre o jovem tronco do porta-enxerto porque ele é relativamente resistente à broca do tronco.

Habitualmente as mudas comercializadas são mudas que foram enxertadas em agosto e setembro, com o jovem tronco amarrado em uma pequena vara. Em novembro/dezembro, elas estarão com 18/20 meses e cerca de 90 cm a 1 m.

Como essas mudas são produzidas em contêiner, não há época específica para plantar, porém novembro/dezembro parece ser a melhor época. Como o enxerto ainda é delicado, é melhor cortar a pequena fita do enxerto com muito cuidado, usando gilete e somente depois da plantação. Não esqueça de cortá-la, senão pode estrangular a planta.

A partir do momento em que a planta esteja confiada à terra, ela deve ser podada à altura de 60 cm a 80 cm quando alcançar a altura do joelho. Um mês após plantar, começa-se a adubação mensal de nitrôgênio. Se a planta for tratada com carinho, não haverá nenhuma perda devido ao transplante. Porém, apesar de todos os cuidados, é normal que no decorrer do primeiro ano ou do segundo haja uma perda de 1% a 3%, decorrente da aclimatação ao seu novo hábitat. Perdas acima dessa proporção têm que ser comunicadas ao seu viveirista. Se ele for responsável, garantirá a qualidade de seu produto.

No primeiro ano de cultivo, além da adubação mensal, da irrigação, da formação de duas a três pernas, deve-se manter a cova limpa, vigiar as formigas, efetuar as pulverizações preventivas contra antracnose. É fundamental não deixar a antracnose entrar no seu pomar. Caso seja necessário, use um fungicida e, caso entrem insetos, use inseticida.

A jovem planta de cherimóia, e ainda mais a de atemóia, é sensível a temperaturas abaixo de zero. Uma boa maneira de protegê-la é juntar plantas secas de milho ao redor do tronco, assim não sofrerá com os primeiros raios de sol, tão nefastos nos dias de geada.

CAPÍTULO 14
CONTROLE DAS ERVAS DANINHAS

Levando em consideração a superficialidade do sistema radicular da cherimóia e da atemóia, é contra-indicado o uso da enxada a partir do segundo ano de plantação. Mas o controle das ervas daninhas é importante para localizar a tempo a presença de eventuais cobras venenosas e principalmente os formigueiros. Um pouco de ervas daninhas não é prejudicial, pois não faz concorrência com as árvores; só é necessário manter a área limpa ao redor da planta. Essa vegetação rasteira cria um microclima favorável às árvores. Entre as linhas normalmente se preserva a vegetação rasteira, seja nativa ou semeada, como o azevém, o trevo, o festuça ou outras. A manutenção se faz com uma roçadeira tratorizada, passada de maneira regular. Deixa-se no solo essa massa vegetal, que se transformará em matéria orgânica e pouco a pouco melhorará muito a vida do solo.

Dentro da linha usa-se herbicida como o Roundup, por exemplo, amplamente usado no mundo todo. Porém é recomendável não abusar dessa química. Pulverizando, deve-se tomar cuidado com as folhas jovens e o jovem tronco, usando o chapéu de proteção no bico do pulverizador e inclinado-o para bem perto da terra, trabalho a ser feito quando não houver vento.

Normalmente duas a três pulverizações com herbicida por ano são mais que suficientes para manter a cultura relativamente limpa até o quarto ano. Depois, não é preciso mais se preocupar com as ervas daninhas dentro das linhas, sendo apenas necessário passar a roçadeira entre as linhas algumas vezes por ano. Com a própria vegetação das árvores, as ervas daninhas tendem a crescer pouco.

Sou favorável à agricultura orgânica, por isso prefiro controlar as ervas daninhas dentro da linha com uma cobertura vegetal morta, surgida da massa vegetal roçada entre as linhas. Essa cobertura vegetal cobre as ervas daninhas, deixando as linhas limpas, o que melhora muito a estrutura do solo e ainda guarda a sua umidade. Essa maneira de proceder dispensa o uso de qualquer herbicida. Mas, cuidado, não deixe a massa vegetal contra o tronco, mas a 50 cm de distância.

CAPÍTULO 15
ADUBAÇÃO DE MANUTENÇÃO

A adubação de manutenção é um dos fatores importantes de produção e faz parte da política geral do manejo da cultura, manejo que pode variar de ano para ano, em função das condições climáticas, da idade da planta, da produção e de outros fatores.

É útil saber que uma deficiência mineral durante um período do ano repercute sobre a floração e frutificação do ano seguinte, pelo simples fato de que durante o ano a planta já prepara sua reserva para o ano seguinte.

Nos ciclos vegetativos existe um período crítico quando, devido ao crescimento e outros mecanismos fisiológicos, há um aumento de absorção de nutrientes e as reservas do ano anterior estão quase esgotadas. O equilíbrio entre esses três fatores: crescimento, assimilação e reserva é muito crítico. No caso da cherimóia e da atemóia, esse momento se situa no final de novembro ou começo de dezembro e dependendo das variedades, até o final de dezembro (ver gráfico da página seguinte).

Nessa época, a fotossíntese feita pela parte aérea da planta e a absorção dos elementos minerais extraídos pelas raízes ainda não estão num equilíbrio satisfatório e a reserva da planta está no fim. Essa situação facilmente provoca, pela falta de nutrientes, a não transformação das gemas vegetativas em gemas frutíferas. É também um dos motivos pelos quais os frutos caem, ou o fenômeno de alternância de produção é mais agravado.

Quando se opera uma poda severa, eliminam-se as reservas que foram armazenadas em seus galhos jovens, o que pode provocar uma reação mais exagerada da vegetação, rompendo o equilíbrio entre a fotossíntese e a absorção dos elementos nutricionais.

Esse equilíbrio fundamental em arboricultura, pode ser parcialmente remediado com adubos foliares, porem é um paliativo, às vezes oneroso. O melhor seria que a planta tivesse condições de fazer uma grande reserva no tempo certo, mas para isso a raiz precisa encontrar seu alimento na terra.

Os diversos ciclos vegetativos.

	Jul	Ago	Set	Out	Nov	Dez	Jan	Fev	Mar	Abr	Mai	Jun
Crescimento												
Assimilação												
Utilização das reservas												
Formação das reservas												

⊔ = brotação
⊔ = formação das folhas
⊔ = floração
⊔ = momento crítico

A adubação com nitrogênio

Li em algum livro, a seguinte recomendação: "Nas jovens plantas de cherimóia aplicam-se de 30 a 60 kg/ha de nitrogênio, e nas plantas entre três a quatro anos, já em produção, as quantidades de nitrogênio necessárias variam de 0 até 150 kg/ha por ano". Essa extrema prudência e reserva não é casual. Serve para deixar que cada produtor, dependendo da sua situação, escolha o uso de 0 a 150 kg/ha.

Embora cada arboricultor possa ter seu ponto de vista, considero de importância capital que as plantas estabeleçam bem seu sistema radicular durante os dois primeiros anos. Para isso, não se pode abusar do nitrogênio para a formação da parte aérea.

Excesso de nitrogênio pode ser prejudicial e é improdutivo. Uma vegetação exuberante não produz galhos frutíferos, favorece o aumento dos patógenos e prejudica a conservação dos frutos, que por sua vez amadurecem mais rapidamente. O excesso de nitrogênio provoca inclusive anomalias fisiológicas, como a rachadura dos frutos.

O nitrogênio é o elemento ativador da vegetação mas também sensibiliza a planta para a entrada de doenças. A resposta no crescimento da cherimóia e da atemóia a esse elemento é direta e rápida.

Um produtor disse-me que o nitrato de cálcio favorece a brotação e que a uréia favorece a floração. O nitrogênio deve ser usado de maneira parcimoniosa. Num pomar não se procura formar uma massa verde, mas sim galhos frutíferos para produzir frutos de qualidade. Facilmente o excesso de nitrogênio gera excesso de vegetação em detrimento da produção de frutos. Portanto, deve ser administrado pouco a pouco, durante o tempo de vegetação, mesmo porque ele é instável e se perde rapidamente.

Em regiões onde há risco de geada, não se usa nitrogênio depois de 15 de fevereiro, porque esse elemento "sensibiliza" a planta, sobretudo se os galhos ainda estiverem tenros, por falta de tempo suficiente para linificação.

A título de indicação, mas com muita reserva, proporia a seguinte política de adubação com nitrogênio, aliás, diga-se de passagem, a mesma que se pode encontrar nos manuais e também a que leva em conta as experiências em outros países:

- **Primeiro ano** de plantação, de setembro a dezembro, 10 g por planta a cada mês; de janeiro a fevereiro, 15 g por planta, podendo ser nitrato do Chile ou nitrogênio similar.
- **Segundo ano,** praticamente dobrar a dose; nas regiões onde não houver mais risco de geada, começar em finais de julho, com boa condição de umidade do solo e com boa temperatura: 30 gramas por mês por planta até fevereiro, totalizando 150 g/ano.
- **O terceiro ano,** de 60 a 80 g por planta, por mês, a partir do final de julho. Caso já exista uma pequena produção, aumentar para 100 g, começando no mês de novembro e terminando em março, totalizando 400 g no terceiro ano.
- **Do quarto ano** em diante, 500 a 700 g por ano, por planta, parcelada em três vezes, durante o ciclo vegetativo.

No momento de aplicar o nitrogênio, é preciso guardar uma distância do tronco e se não chover, regar imediatamente após ter espalhado o adubo. Como já dito anteriormente, não existindo estudos científicos a respeito de como adubar com precisão, trabalhamos em nível puramente empírico. Isto quer dizer que, cabe ao arboricultor observar o comportamento vegetativo de suas árvores, sendo extremamente útil fazer alguns controles.

O controle do nível do nitrogênio na planta pode ser feito com a análise do teor de nitrato no pecíolo das folhas. Essa análise é feita com papel indicador Merckoquant (R) 10.020. É um método simples e rápido, aplicável diretamente no campo e pode nos indicar se a aplicação desse elemento foi acertada. Esse método é utilizado em caso de dúvida quanto à quantidade adequada do nitrogênio aplicado.

A adubação de manutenção com fosfato, potássio, cálcio, magnésio e boro

Até conhecermos bem o nosso solo, recomenda-se fazer a cada ano uma análise da terra. No quarto ano podemos considerar que as raízes ocuparão todo o terreno, então será hora de retirar amostras de solo de várias partes da área para análise. A partir do resultado dessa análise, a adubação corretiva deverá ser feita com a orientação de um engenheiro agrônomo. O princípio é simples: restituir à terra o que dela foi subtraído, seja pelas plantas ou por outros motivos como a lixiviação.

Nunca será demais dizer que é preciso manter sempre uma ótima fertilidade do solo. Na prática, no terceiro ano, isso significa habitualmente fazer uma adubação com 150 a 300 kg de fosfato, e a mesma quantidade de potássio, espalhado num raio de 1,50 m do tronco. Faz-se essa adubação em agosto, sendo bom alternar a fonte de potássio, usando-se sulfato num ano e cloreto no outro, para não intoxicar a terra. Em termos de fósforo, usa-se o Yoorin ou outro tipo de fosfato, mais facilmente assimilável.

A política de adubação depende tanto da estrutura do solo quanto do teor da matéria orgânica alcançado, da irrigação, do sistema de condução da poda e é claro, da produtividade do pomar.

No caso de polinização artificial e cultura intensiva, é evidente que o suprimento adequado de nutrientes é mais do que necessário, caso contrário ocorrerá o fenômeno de alternância de produção devido a planta esgotar os nutrientes destinados a uma boa formação dos galhos frutíferos no ano seguinte.

O uso do potássio e outros macroelementos é simples, não cria grandes problemas. Mas com nitrogênio o assunto é mais delicado, como já frisado. A arboricultura não é só uma ciência mas também uma arte, sobretudo no uso correto do nitrogênio.

O uso correto do calcário não só neutraliza o pH do solo como também fornece cálcio e magnésio, facilita a absorção de outros nutrientes e regulariza o metabolismo da planta, formando frutos com uma melhor conservação pós-colheita.

O boro é um microelemento que tem sua importância no cultivo da frutífera, porém usado em excesso, é extremamente fitotóxico. Se a análise do solo indicar de 1 a 2 ppm do elemento, é suficiente. A reposição de boro numa cultura produtiva não ultrapassa 10 a 20 kg/ha de bórax (11% B), renovada a cada dois a três anos, uma vez que se lixivia.

Adubação foliar

A cherimóia tem um grande poder de absorção de nutrientes via foliar. Atualmente, a adubação foliar começa a ser praticada de maneira mais habitual, não só como complemento ou paliativo da adubação de solo, mas como auxiliar importante na nutrição da árvore. Porém, por motivos econômicos e técnicos não se justifica o fornecimento de todos os nutrientes por essa via. Ela se justifica, por exemplo, quando se tem problema de absorção pelo sistema radicular ou há uma necessidade de correção imediata.

O arboricultor que procura otimizar a eficiência de alguns nutrientes recorre à adubação foliar. A aplicação nos momentos críticos de carência como também uma pulverização quatro semanas antes da colheita melhora muito a qualidade do fruto.

A análise foliar é uma excelente ferramenta para se acompanhar e diagnosticar as carências particulares. Na prática, ela se revela útil quando o arboricultor quer assegurar um equilíbrio nutricional à planta ou quando suspeita de sintomas de carência, o que causa alteração no processo fisiológico da planta, acabando por afetar a produção e a própria sanidade da mesma. Também é útil para diagnosticar e até mesmo prever a falta de micro e macronutrientes.

Podemos tomar como referência padrão a seguinte tabela, que determina valores aproximativos.

A análise das folhas é feita em laboratório apropriado. A amostra a ser apresentada ao laboratório consiste em 40 folhas recolhidas de 20 plantas, folhas maduras do segundo terço dos ramos, do mesmo ano e sem frutos. O material pode ser colocado em uma pequena caixa de isopor, forrado com um tecido ligeiramente úmido. Deve ser bem fechado, de forma a chegar em perfeito estado ao laboratório, sendo que o tempo entre a coleta do material e a chegada ao laboratório não deve ultrapassar 48 horas. A interpretação deve ser feita em função da tabela-padrão. Se compararmos as tabelas-padrão de níveis foliares da cherimóia e do kiwi, de fato constata-se que a cherimóia precisa de um suplemento de potássio maior, comparado com outras plantas frutíferas.

A pulverização com microelementos deve ser feita com parcimônia, pois o excesso pode ser tóxico e causar reações antagônicas. O melhor é consultar um agrônomo para formulações adequadas.

Tabela nutricional

Elemento	Quantidade	Cherimóia/Chile	Atemóia/Austrália
Nitrogênio	%	2,4/-2,8	2,5/-3
Fósforo	%	0,15/-0,18	0,16/-0,12
Potássio	%	1,2/-1,9	1/-1,5
Cálcio	%	> 1,2	0,6/-1
Magnésio	%	> 0,3	0,35/-0,5
Zinco	ppm	> 25	15/-30
Manganês	ppm	> 32	30/-90
Cobre	ppm	> 12	> 10
Sódio	%		< 0,02
Cloro	%		< 0,3
Boro	ppm		15/-40

Sintomas de carências

Visitando pomares de cherimóia e atemóia e observando as suas folhas pudemos identificar as carências mais evidentes: a falta de magnésio e de potássio. Esses sintomas de carência são mais evidentes nas folhas, sendo relativamente semelhantes entre as espécies frutíferas, o que nos permite identificá-las através de fotos de outras plantas ou de fotos como as apresentadas na p. 81.

É bom guardar na memória que folhas amarelas não significam necessariamente falta de nutrientes como nitrogênio e enxofre. Podem estar ligadas a vários outros fatores como falta de água, temperatura atmosférica excessivamente alta, doenças, etc., daí a importância do monitoramento através da análise foliar.

Adubação foliar orgânica

Uma cultura de cherimóia e atemóia orgânica, sem uso de nenhum agrotóxico, num clima de alta temperatura e de atmosfera saturada em umidade parece um ideal utópico, especialmente quando se conhece a sensibilidade da cherimóia e atemóia à antracnose. Graças aos trabalhos feitos por diversas escolas de agricultura natural, estamos numa boa direção para que um fruto seja de novo um fruto, um pêssego seja de novo um pêssego e uma cherimóia simplesmente uma cherimóia, com o sabor e o perfume naturais e não de química. Para que os frutos cheguem a ter novamente o seu próprio gosto natural, é preciso antes restituir a vida à terra mãe, na qual a árvore se enraíza e através da qual se alimenta.

Quando nos referimos à terra como uma entidade viva, terra mãe, parece que deixamos o mundo científico de lado para voltarmos ao esoterismo do passado, ao sentimentalismo. Porém, hoje se sabe que 1 grama de terra contém entre 50 a 200 milhões de microrganismos e estima-se que nas cerca de 5 mil toneladas, relativo ao peso da camada cultivada em 1 hectare, de 40 cm, existem aproximadamente 2 toneladas de microrganismos! Cada ano, nos primeiros centímetros da camada terrestre existe uma renovação dos microrganismos que varia de 50 a 1.000 kg. São fatos reais a levar em consideração e que servem para nortear nossas decisões na condução do pomar, dentro de uma agricultura moderna e equilibrada, que possa especialmente contribuir para melhorar a condição de vida da humanidade.

Os sais minerais têm a sua importância já bem conhecida, mas por outro lado, cada vez mais se descobre também a importância da matéria orgânica e dos microrganismos para tornar a terra verdadeiramente viva e fértil. Esses microrganismos são seres vivos extremamente pequenos e simples, porém exercem um papel essencial na fertilidade do solo, sendo fundamentais em vários processos como: captação da energia solar, recuperação da terra, produção de substâncias úteis às plantas, favorecimento do metabolismo secundário produzindo hormônios e vitaminas, além de melhorarem as propriedades físicas, químicas e biológicas do solo.

Uma adubação anual entre 5 a 6 m^3/ha de composto orgânico garante uma boa produtividade das árvores. Isso pode facilmente ser feito, com um custo mínimo e um excelente retorno, graças ao uso dos adubos verdes e dos microrganismos eficazes.

O uso de microrganismos eficazes EM-4 e EM-5, que são comercializados no Brasil pela fundação japonesa Mokiti Okada* promoveram uma revolução agrícola e abriram caminho para a agricultura natural, sem uso de agrotóxicos e estritamente orgânica.

O uso adequado desses microrganismos somado à experiência de diversos anos consecutivos de cultivo, evita a entrada de qualquer doença e de ácaros no nosso kiwizal.

Em condições climáticas normais, impedir a entrada da antracnose na cultura de cherimóia não é impossível, e podemos portanto chegar a produzir frutos obedecendo as normas da Associação de Agricultura Orgânica. Uso intencionalmente a expressão "impedir a entrada" porque uma vez que a doença efetivamente se instale, só as pulverizações de fungicida como, por exemplo, o Cercobin e o oxicloreto de cobre podem dominar essas invasões indesejáveis. É um trabalho a ser conduzido com tenacidade, mas com técnica e sem fanatismo, com a idéia de criar um ambiente desfavorável à instalação das doenças.

---

*A fundação Mokiti Okada realiza pesquisas e divulga a técnica da Agricultura Natural Messiânica.

O uso dos microrganismos eficazes EM revela-se extremanente positivo para melhorar o equilíbrio biológico do solo, favorecendo o bom desenvolvimento da planta e reduzindo as infecções e o ataque das pragas. No solo, promove a melhoria das condições físicas, resultando em uma porosidade maior, melhor capacidade de retenção de água e redução da erosão. Evita a lixiviação dos nutrientes e torna-os mais disponíveis às plantas.

Na prática, uma ou duas vezes por ano, em longos períodos de chuva, depois que a grama entre as linhas estiver roçada, espalha-se na cobertura 300 kg/ha do Embokashi, nome japonês que significa composto fermentado. Consiste em 500 kg de farelo de arroz, 300 kg de torta de mamona, 150 kg de casca de arroz ou de café, 30 kg de farinha de ossos, 20 kg de farinha de peixe. Esses ingredientes devem ser bem misturados, adicionando-se 300 l de água, 3 l de EM-4 e 3 l de melaço. Bem misturados, fermentam rapidamente. Como a temperatura não pode subir acima de 50°C, é preciso virar esse composto a cada dois dias, repetindo a operação cerca de cinco vezes.

Está pronto então o composto para ser espalhado no campo, na base de 300 kg/ha, junto com a matéria verde que acabou de ser cortada.

Esta operação deve ser repetida uma ou duas vezes por ano até que cheguemos a recompor totalmente o nosso solo, tornando a nossa terra novamente viva. A partir daí, uma vez por ano será o suficiente.

Quanto à pulverização foliar será suficiente fazê-la uma vez ou outra por ano quando o tempo permitir, depois de termos roçado as entrelinhas e tivermos bastante massa vegetal. Pulverizamos diretamente com EM-4 à razão de 1 l para cada 1.000 l de água. Tudo isso para favorecer uma boa formação de microrganismos e, em conseqüência, uma boa fermentação do composto. Sobre a parte aérea da planta pulverizamos cinco a seis vezes por ano, não EM-4 mas sim EM-5, a fim de fortificar naturalmente a planta tornando-a mais saudável e mais resistente às doenças. O melhor e mais barato de todos os remédios contra as doenças é favorecer a saúde das plantas.

Podemos comparar o início da utilização dos microrganismos eficazes na agricultura com todo o trabalho que se faz na medicina preventiva para o ser humano. O princípio é muito similar.

O uso adequado do EM-Bokashi junto com matéria orgânica de fato dá resultados excelentes, restituindo no decorrer dos anos a vida à terra e tornando as plantas mais saudáveis. Pessoalmente acho que hoje é o melhor remédio contra a entrada de doenças das raízes, porque o EM-4 combate os microrganismos degenerativos e patógenos. A pulverização mensal do EM-5 (1 l para 1.000 l de água) contribui muito para a saúde da planta, tornando-a mais resistente à entrada de parasitas e fazendo, sem dúvida, que os frutos fiquem mais saborosos.

Não está totalmente excluído que, uma vez restituída a vida à terra, a cultura da cherimóia e da atemóia não possam ser estritamente orgânicas, não precisando de nenhum uso de agrotóxico.

Uma nova tendência que começa a se impor na arboricultura moderna é o reconhecimento da eficácia dos bioativadores orgânicos à base de aminoácidos que melhoram o metabolismo da planta e ajudam a promover uma nutrição mais equilibrada, tornando as árvores menos vulneráveis às doenças, pragas e também mais tolerantes aos estresses ambientais como veranico e geadas.

Sem dúvida, bioativadores como o Aminon-25 contribuem decisivamente para incrementar a qualidade e a produtividade, ao estimular a brotação, melhorar a polinização, etc. Os frutos adquirem sabor extremamente delicado e mesmo alcançando brix mais elevado, a conservação pós-colheita é melhor.

Os bioativadores e microrganismos podem ser misturados com a maioria dos defensivos e fertilizantes foliares contendo micro ou macronutrientes. Na dúvida, basta fazer um pré-teste das misturas para verificar a compatibilidade.

Pessoalmente, a cada pulverização uso 1 l de bioativador Aminon-25 para cada 1.000 l de água, alternando com microrganismos eficazes EM-5.

SOLO - FÉRTIL
Indústria e Comércio Ltda.

Pó Calcário:
Dolomítico
Calcítico
Magnesiano

Rod. MG 439 - Km 9 – Zona Rural – 35582-000 – Pains – MG
Pabx: (37) 323-5000 – Fax: (37) 323-5055

Sintomas de carência

(a) Nitrogênio na macieira, (b) Fosfato na macieira, (c) Potássio na macieira, (d) Magnésio na cerejeira, (e) Potássio na cerejeira, (f) Magnésio na macieira, (g) Boro no pessegueiro, (h) Boro na macieira.

A Cultura da Cherimóia e de seu Híbrido, a Atemóia

(24) Na mão do filho de Francisco, galhos de uma árvore de cherimóia respirando saúde. Sem nenhum agrotóxico.

(25) Folha de cherimóia vigorosa. A antracnose está controlada com pulverização preventiva.

(26) Formigas trabalhando.

(27) Um fruto com pele queimada por falta de sombreamento.

(28) Antracnose em uma planta jovem de cherimóia.

(29) Antracnose nas folhas de atemóia.

(30) Início de antracnose no fruto que rapidamente pode se alastrar.

(31) Antracnose em galhos de uma árvore adulta de atemóia.

(32) Antracnose que desceu até a raiz, causando a morte da planta jovem no campo.

84 Léon Bonaventure

(33) Mariposa adulta da broca-do-fruto.

(34) Orifício por onde entram as larvas da broca-do-fruto. Observe também os fungos na periferia.

(35) A jovem larva no meio da polpa do fruto.

(36) Raízes de uma planta jovem contaminadas por doenças de raiz.

(37) Tronco de uma velha árvore de cherimóia atingida pela broca-do-tronco.

(38) Planta morta atingida pela antracnose e broca-do-tronco.

(39) Observe a maneira correta de polinizar. A jovem flor está aberta no estado macho, porém perdeu a capacidade de ser fecundada, sendo inútil polinizá-la.

(40) Galhos de uma flor no estado fêmea, a ser fecundada.

(41) Polinizador fabricado pela oficina do Alumínio-SP, comercializado pela Technes-SP.

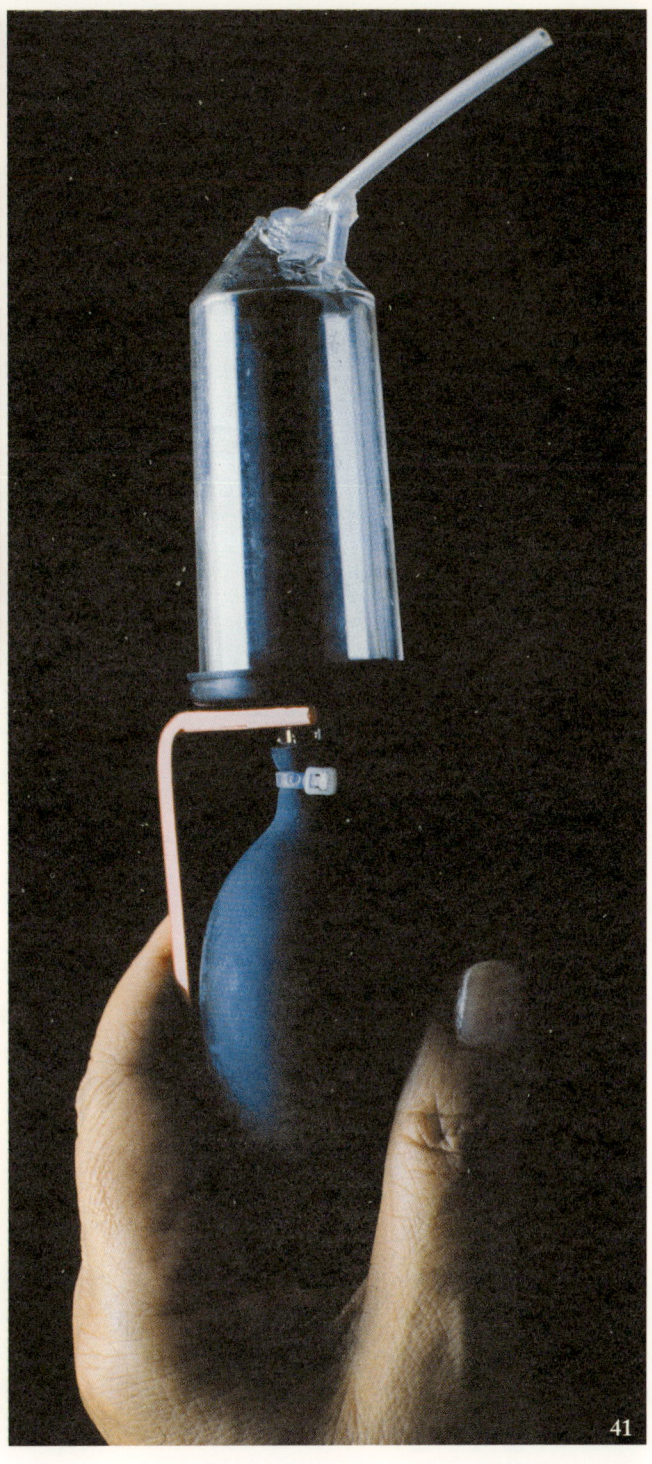

(42) Galho frutífero de cherimóia com dois frutos maduros, prontos para serem colhidos, e dois pequenos em formação; duas flores fechadas ainda e uma flor semi-aberta, na fase fêmea. A colheita começará em fevereiro para terminar em outubro.

(43) Retirando o saco protetor do fruto de atemóia.

(44) Frutos de atemóia no estado de maturação depois de se retirar os sacos de papel.

(45) Frutos de atemóia.

(46) Frutos de atemóia na banca (maio/1999).

(47) Frutos de atemóia de primeira qualidade na Ceagesp.

A Cultura da Cherimóia e de seu Híbrido, a Atemóia 87

PARTE III

Inimigos e defesa
A poda
Sistemas de condução
A polinização artificial
Raleamento
Fotos

CAPÍTULO 16
INIMIGOS E DEFESA

Antes de falar de inimigos, doenças e pragas, vamos falar um pouco de saúde e de medicina preventiva. Thompson, de família tradicional australiana de cultivadores de cherimóia e atemóia, disse-me que, numa cultura bem cuidada, a cherimóia é um dos poucos frutos que não necessitam de um programa sistemático de pulverização de agrotóxicos. Um outro técnico da Espanha, Emilio Sanchez, acrescenta que isso se deve porque "são poucas as pragas que afetam a cherimóia". Então, em condições culturais adequadas, podemos dizer que essas plantas são relativamente imunes a doenças. Isso não quer dizer isentas. É importante lembrar uma famosa sentença chinesa que diz: "Somos nós que atraímos e favorecemos ou não o desenvolvimento de nossas doenças". Esse ditado milenar é parcialmente verdadeiro e não só é válido para o ser humano mas para qualquer organismo vivo, inclusive as plantas. Então, deve-se ter um pouco de bom senso: não plantar onde o índice pluviométrico for inadequado para a cultura; não plantar onde o ar tenha um excesso de umidade atmosférica; não plantar onde haja excesso de neblina, onde tenha risco de chuva de pedra, o risco de forte geada, de vento forte; não plantar junto ou perto de plantação de tomate, pimentão ou batata, que são agentes de propagação de antracnose; não abusar do uso de nitrogênio; não usar instrumentos cortantes no segundo ano da plantação porque as raízes superficiais podem ser facilmente feridas e assim favorecer a entrada de doenças; não fazer poda radical quando o ar estiver saturado de umidade ou o calor estiver forte, pois na ferida da poda entram facilmente bactérias e vírus, e a broca do tronco gosta muito dessas feridas; não fazer podas drásticas que interfiram no sistema auto-regulador da planta.

Se agir corretamente, sem fazer o que não deve, só terá benefícios. Porém, se fizer o que não deve, então, é evidente que o inimigo de suas plantas não será "tal" ou "tal" bichinho, mas sim você mesmo. Num organismo sadio não há espaço para a doença entrar, diz a filosofia chinesa. Então o melhor é cuidar bem das plantas para que elas permaneçam sadias.

A melhor aplicação de defensivos é aquela que não precisa ser feita. O arboricultor tem que criar todas as condições favoráveis para a própria planta conseguir se defender de pragas e doenças. Porém, apesar de todos os cuidados, isso pode não ser suficiente e algumas vezes é preciso recorrer ao agrotóxico. Deve-se usá-lo de maneira moderada e procurar localizar, o mais rápido possível, os focos onde começa a se desenvolver a doença. Para descobrir isso só existe uma maneira: andar, todos os dias, por toda a cultura, de olhos bem abertos, tendo um mínimo de conhecimento das patologias principais suscetíveis de aparecerem. Uma vez localizados os focos e identificadas as pragas, ou doenças, é preciso efetuar diretamente uma pulverização localizada, com inseticida e fungicida adequados. Para isso é necessário também ter adquirido um mínimo de conhecimento a respeito dos defensivos agrícolas e ter esses produtos agrotóxicos à disposição.

À medida que puder, evite as pulverizações generalizadas porque essas pulverizações matam também os insetos polinizadores e além disso, os agrotóxicos não são tão baratos.

O melhor detetive na luta contra os inimigos é o homem do campo, que vive e trabalha em simbiose com a própria cultura. Ele observa muito melhor do que se imagina, ele conhece muito mais o que acontece do que muitas vezes o próprio chefe de cultura e facilmente localiza os focos de doença e pragas. É um excelente agente de informação.

Na família das anonáceas, a fitopatologia é bastante ampla, porém dentro do contexto deste livro, orientado para os produtores, teremos que nos limitar à nossa experiência no campo. Cada país, cada região, tem suas pragas específicas. Na Espanha existe a famosa mosca mediterrânea dos frutos, a *Ceratitisi capitata*. No Chile a praga é o *Planococcus*.

De meu conhecimento não existe nenhuma doença ou praga específica da cherimóia e da atemóia, o que existe é uma sensibilidade maior e particular a certas doenças e pragas.

No Brasil já é do conhecimento de todos os produtores de cherimóia e atemóia que existem três inimigos principais, a saber: a antracnose, a broca do fruto e as formigas, além da broca do tronco, em certas regiões do país. Esses três ou quatro inimigos são de importância econômica a considerar seriamente.

A antracnose

Como se vê nas fotos 28 a 32 da p. 83, a antracnose, a podridão negra, se apresenta sob a forma de manchas pretas que aparecem de preferência sobre os tecidos novos: brotos, folhas, flores, frutos e galhos, na época de temperatura e umidade atmosférica elevadas. A sua evolução é extremamente rápida, causando uma podridão preta em todo o fruto, desvalorizando-o comercialmente.

No sistema vegetativo, a antracnose penetra e se desenvolve nos galhos, podendo descer às raízes até matar a planta, especialmente nos primeiros anos de vida. O Instituto Biológico de São Paulo, a quem enviei um material de folhas contaminadas para uma análise, identificou o tipo específico de antracnose: *Colletotrichum gloeosporioides*.

A cherimóia e a atemóia são muito sensíveis à antracnose, essa doença é a mais perigosa do pomar. Numa cultura bem-sucedida, a experiência comprova que é relativamente fácil controlar a doença, através de pulverizações preventivas com calda bordaleza e produtos à base de oxicloreto de cobre, e especialmente durante o tempo das chuvas. Não sei se podemos dizer que já encontramos o fungicida adequado, na dose exata para combater a antracnose em todas as variedades de cherimóia e atemóia. Porém, certos produtores têm tido resultados excelentes com produtos como o Garant, outros com o Funguran, Sportak 450 CE, ou ainda outros com Score, Cercobin ou Benlate. O agrônomo Roberto Hauagge recomendou-me também outros dois produtos: Cuprozeb e o Dacobre (*Chloratalonil*).

Durante a época de dormência, no inverno, uma boa pulverização anual com calda bordaleza é indispensável para eliminar tanto os focos de antracnose ocultos como os outros fungos.

Além disso, com relação ao cuidado cultural, o *nitrogênio deve ser de uso moderado*, sendo preciso vigiar o equilíbrio nutricional da planta. É preciso estar atento para que não se forme um excesso de vegetação. Uma boa circulação de ar dentro da árvore e entre elas é muito importante.

É fácil lutar preventivamente contra essa doença, porém, caso ela se instale, é muito mais difícil erradicá-la. Para ver-se livre dela, exigem-se pulverizações semanais sucessivas durante 50 dias (sete semanas) e ainda uma ou duas pulverizações com Benlate, alternadas com Cercobin, fungicidas sistêmicos com princípios ativos diferentes. É aconselhável misturar tanto o Benlate como o Cercobin com um espalhante adesivo para favorecer uma melhor absorção do princípio ativo.

Nas regiões onde o índice pluviométrico é elevado, em que há muita neblina, por exemplo, não é aconselhável o plantio por serem as plantas muito sensíveis à antracnose.

Caso a doença tenha tido tempo de penetrar nos galhos, é melhor cortá-los e queimá-los fora da cultura. Como se pode perceber, o melhor é mesmo realizar uma luta preventiva.

A broca-do-fruto

A broca-do-fruto também é chamada na América Central de mosca da carambola, ou ainda mosca da graviola, o nome latim desse lepidóptero é *Cerconata anonelia*. Ela tem predileção pelas anonáceas. Como se percebe nas fotos 33 da p. 84, é uma pequena mariposa de uns 2,5 cm de envergadura. Habitualmente à noite, ela deposita de um a 200 ovos na casca do fruto. Como os ovos são de cor verde, confundem-se facilmente com o fruto. No momento da eclosão dos ovos, eles se transformam em lagartas cor-de-rosa e durante 12 dias elas se alimentam da casca para penetrar progressivamente no interior dos frutos formando pequenas galerias. Depois se fecham em seus casulos e, dez dias depois, emergem na fase adulta, para se multiplicarem novamente.

Por esses pequenos orifícios, que já deterioraram os frutos, entram fungos, danificando-os por completo tornando-os facilmente pretos.

O desenvolvimento populacional dessa mariposa é tão grande e rápido (conforme ilustra o gráfico) que a luta preventiva se torna indispensável e deve ser conduzida com muito rigor.

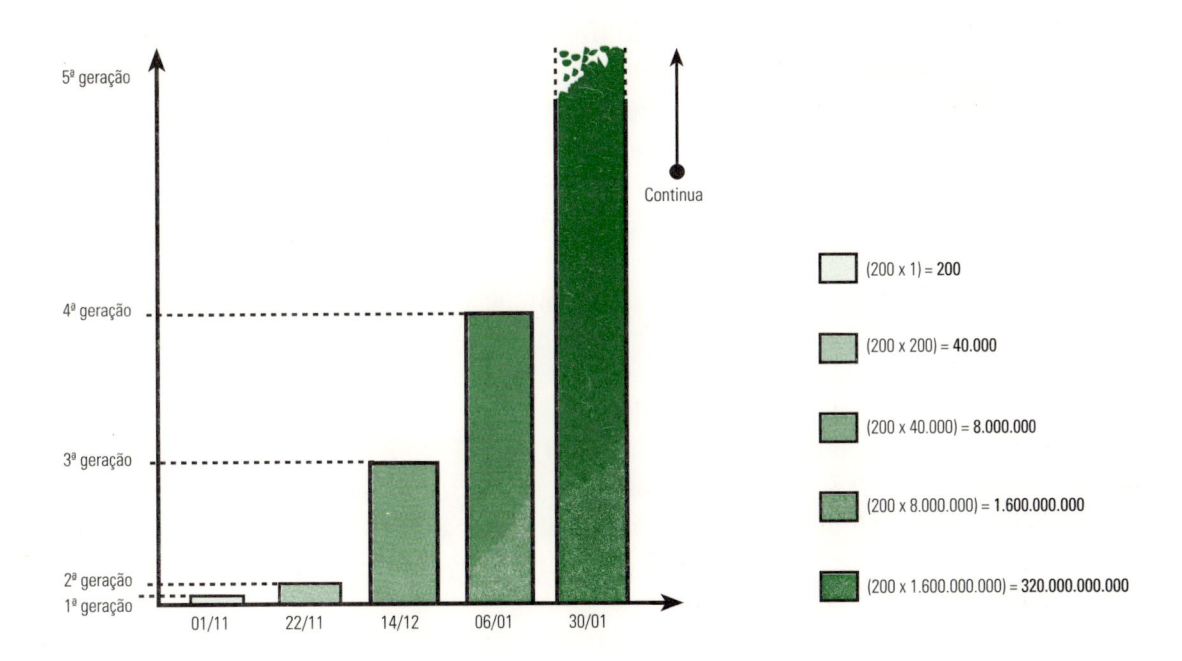

(200 x 1) = 200

(200 x 200) = 40.000

(200 x 40.000) = 8.000.000

(200 x 8.000.000) = 1.600.000.000

(200 x 1.600.000.000) = 320.000.000.000

Além da ajuda dos profissionais que trabalham na cultura, alertando o chefe da cultura sobre os sinais da presença da broca no fruto, é bom que sejam instaladas armadilhas luminosas. Tão logo se verifique a presença de uma só borboleta na armadilha, precisa-se começar o combate químico, com pulverização adequada como, por exemplo, com Endossulfan ou Lebaycid, ou Dipterex 500. Essas pulverizações combatem também outras brocas e outros insetos.

Uma excelente maneira preventiva é ensacar o fruto com sacos de papel parafinado desde o começo de sua formação, quando ele tem uma grossura de 3 a 4 cm. Diversos produtores deixam a parte de baixo do saco aberta e usam simplesmente sacos de papel marrom, desses de supermercado. Porém, se o fruto ganha em termos de aparência, ele perde em termos de qualidade por causa de inibição da fotossíntese.

As formigas cortadeiras e outros inimigos

Elas têm uma predileção especial pelas plantas jovens de cherimóia e de atemóia. A luta contra esses predadores consiste em andar todos os dias à procura dos formigueiros e aplicar o formicida adequado. É a única solução eficaz e radical. A prevenção consiste em proteger o tronco da planta com uma pequena faixa de tecido, de 2 ou 3 cm de largura, impregnada com formicida e inseticida, impedindo as formigas e outros insetos de atacarem. Isso naturalmente não dispensa a eliminação dos formigueiros que estiverem dentro da cultura (foto 26 - p. 82).

Em algumas regiões, o risco da broca do tronco é muito grande, portanto o controle tem que ser severo. Existem produtores que usam o inseticida Temik com excelentes resultados por ser um inseticida, acaricida e nematicida sistêmico, tanto no nível preventivo como no combate dos insetos. Mas o produtor deve estar sempre consciente do risco de intoxicação ao aplicar um agrotóxico, já que pode atingir tanto quem o usa, como o consumidor, com os efeitos residuais. É um crime não respeitar as carências indicadas, de 90 dias entre o tempo da aplicação e o momento do consumo.

Existem outras pragas e doenças de menor importância. Por exemplo, de maneira esporádica e localizada encontra-se um ou outro tipo de cochonilha, que se combate com óleo mineral, ao qual se adiciona um inseticida. Até hoje tanto no viveiro como na cultura não encontrei uma única vez a presença de ácaros sobre essas plantas.

A respeito das eventuais doenças de raiz, como a *Phitophthora* (podridão negra), a *Armillaria* (micelium branco nas raízes) ou o *Verticillium* (ramos secos), a melhor de todas as soluções que já encontrei e a mais econômica para erradicá-las é arrancar as plantas, queimá-las e desinfectar a área do terreno onde estavam plantadas. A desinfecção deve ser feita com alguns quilos de cal virgem e depois deve-se deixar a cova aberta por algum tempo.

Nosso programa de pulverização não tem a pretensão de ser uma recomendação aos produtores, mas simplesmente uma comunicação do que praticamos na cultura quando necessário, prática que foi progressivamente elaborada com a assistência de diversos agrônomos especializados em fitopatologia.

Existem produtores que pulverizam com calda bordaleza durante todo o ciclo vegetativo, mas para isso é preciso fazer um teste para encontrar a dosagem certa, pois existe um certo risco de toxidade.

Qualquer uso de fungicida e inseticida deve respeitar escrupulosamente o tempo de carência especificado na bula. A prática ensina que é melhor alternar as marcas dos fungicidas e inseticidas, com componentes básicos (princípio ativo diferente). Existe uma compatibilidade entre os fungicidas aqui usados e os adubos foliares, os microrganismos EM e o bioativador orgânico, o que permite uma única pulverização quinzenal ou mensal durante a época crítica.

Tenha sempre armazenadas as reservas necessárias de agrotóxicos, prontas para serem usadas. O plano de guerra já foi definido e as armas estão prontas, porém se não houver inimigos, só um himem estúpido irá usá-los!

Um programa de pulverização

	Antracnose	Broca-do-fruto	Bioativadores Microrganismos EM	Adubo mineral
Agosto	calda bordaleza			
Setembro			Aminon 25	
Outubro	oxicloreto de cobre	Sumithion		adubo foliar
Novembro	cobre	Lebaycid ou Dipterex 500	Aminon 25 e EM-5 EM-5	adubo foliar
Dezembro	cobre	Endossulfan	Aminon 25 e EM-5	adubo foliar
Janeiro	cobre	Lebaycid	Aminon 25	adubo foliar
Fevereiro	cobre		EM-5	adubo foliar
Março	cobre		Aminon 25	
Abril			EM-5	

CAPÍTULO 17
A PODA

No Brasil, aliás como no mundo inteiro, os diversos aspectos da poda e dos sistemas de produção da cherimóia e da atemóia foram ainda muito pouco estudados. Conversando com produtores desses frutos e observando seus pomares, e por minha própria experiência, cheguei rapidamente à conclusão que de fato temos ainda muito a descobrir nesse sentido. O que justifica a adoção de uma teoria de poda em detrimento de outra é apenas a produtividade e a qualidade do fruto que obtivemos durante anos consecutivos.

Cada espécie frutífera, cada variedade tem sua maneira singular de crescer, florescer e seu tempo próprio de entrar em produção, não sendo portanto possível generalizar. Cada variedade tem inclusive um espaço específico para melhor carregar frutos, certos tipos de galhos carregando melhor do que outros. Crescimento e frutificação dependem das substâncias nutritivas produzidas pelas próprias plantas. A quantidade de substâncias vitais produzidas está em relação direta com o espaço foliar ativo.

Um bom arboricultor sabe que a cherimóia e a atemóia não se podam como o pessegueiro, que por sua vez não é podado como a jabuticabeira, porque cada um cresce e floresce de maneira diferente.

Da mesma maneira que não se educa sem levar em conta a psicologia singular de cada criança, da mesma maneira não se poda uma árvore sem conhecer a sua fisiologia específica. Muita teoria pode paralisar sua criatividade espontânea, embora não faça mal aprender os ensinamentos dos estudiosos da vida das árvores frutíferas. O verdadeiro conhecimento que podemos ter é aquele que vai sobrar depois de termos esquecido a maior parte das teorias e somente assimilado o essencial. O que fica sobretudo é nossa inteligência instintiva e natural, porém esclarecida, que irá nos conduzir.

Embora cada arboricultor tenha seu jeito próprio de podar, existem algumas regras a serem seguidas. Para fazer bom uso das regras, é indispensável ter inteligência e uma boa compreensão do crescimento da árvore. Supõe-se que o arboricultor tenha conhecimento do crescimento da árvore, que saiba qual o sistema de conduta ele quer dar à sua árvore, como e quando ele quer que ela entre em frutificação, qual é a quantidade e a qualidade dos frutos que se propõe produzir e o espaço que a árvore vai ocupar. Podar não é simplesmente cortar galhos.

Podar é saber por que se cortam determinados galhos e não outros. Isso implica saber quais reações irá provocar na árvore com seu corte cirúrgico e mutilador. A poda é uma das assistências no manejo de sua árvore, um serviço prestado ao seu desenvolvimento natural, com a única finalidade de melhorar a frutificação e a produção. A regra fundamental é saber porque se precisa podar e, quando não for preciso, então não se poda. Podar é educar. Podar é um dos fatores mais importantes da cultura.

A arte da poda é a de favorecer e guardar sempre o equilíbrio fisiológico da árvore, o que consiste em criar uma relação ótima entre crescimento vegetativo e produção dos frutos. Um bom arboricultor poda muito pouco, ele conduz e induz. *Podar bem é estabelecer um bom equilíbrio entre o vigor da planta e a sua capacidade de produzir frutos.*

Como se sabe, depois de confiar sua planta à terra, existem diversos anos de carência antes que ela comece a produzir. Com uma poda adequada, seu pomar pode entrar em produção anos mais cedo do que o habitual. Inclusive, depois que estiver formada, uma poda de frutificação feita com inteligência permite intensificar sua produção e obter frutos de melhor qualidade. Permite, por outro lado, controlar a produção, evitando o fenômeno de alternância (produzir muito num ano e, no outro, muito pouco).

Nos últimos vinte anos, o conhecimento da fisiologia da planta da cherimóia foi ampliado, favorecendo e muito o manejo da cultura, não só para se conseguir uma produção controlada, mas também para aumentar a produtividade, o que permitiu passar de 3 a 8 t de frutos por hectare/ano para 15 a 20 t/hectare/ano ou mais. Diferença extremamente significativa.

Na cidadezinha de minha infância, existia um mestre jardineiro, um velhinho, o sr. Nadin, e todo mundo o chamava para podar. Ele não sabia explicar por que ele fazia de tal jeito e não de outro, mas ele fazia certo. Seu jeito era muito produtivo. Ele conhecia instintivamente as suas árvores e sabia como cuidar delas. Ele não tinha o que chamaríamos hoje de conhecimento científico nem sabia formular em termos racionais o que fazia, mas tinha adquirido pela observação e experiência, de maneira intuitiva, um conhecimento bem superior – era um verdadeiro mestre jadineiro. De pequeno, aprendi muita coisa com ele. Primeiro simplesmente aprendi a observar como a árvore cresce, comparando o crescimento de uma variedade com outra. Olhava como o mestre podava e depois praticava com ele. A prática é uma excelente escola, e parece que se aprende melhor quando se é pequeno. Hoje com uma nova geração de arboricultores, chegamos a formular essas verdades dele em termos mais científicos e coerentes.

Antes de falar da prática da poda, é importante fazer algumas considerações gerais sobre o desenvolvimento da árvore e sua fisiologia e principalmente sobre a dominância apical, o que constituirá o tema dos próximos parágrafos.

Evolução fisiológica da árvore

Podemos distinguir três fases esquemáticas na vida de uma árvore: a fase jovem, a fase adulta e a fase da velhice.

A *fase jovem* é a do crescimento vegetativo em que não há indução floral. Nesse período a árvore apenas cresce, forma madeira, sem formar brotos florais. Portanto, é uma fase improdutiva, porém é possível intervir no sistema vegetativo aéreo acelerando-o ou atrasando-o. Depende da variedade. Durante essa fase, o arboricultor tem que preocupar-se com dois assuntos: obter o volume máximo de folhas para a coroa e reduzir ao máximo o tempo da esterilidade da planta. Se alcançar esse objetivo graças a um modo apropriado de condução, chegará a um desenvolvimento que rapidamente irá criar espaços foliares ativos. Visitando jovens pomares, é freqüente constatar que no primeiro ano, e até mesmo no segundo ou no terceiro ano, o arboricultor simplesmente deixa seu jovem pomar crescer de maneira espontânea para depois interferir radicalmente e algumas vezes tarde demais. Isso não é cultura, mas sim perda de tempo e dinheiro. Na fase adolescente, uma jovem árvore precisa de nossa assistência discreta, suave, porém indispensável.

A *fase adulta* é a fase do crescimento vegetativo e da indução floral, quando a árvore está num estado de equilíbrio fisiológico (que consiste numa relação ideal entre crescimento fisiológico e produtividade). No plano econômico, é a fase ideal, em que a árvore frutifica e garante ao arboricultor o máximo de produção. A finalidade de se preocupar com a conduta de uma árvore é conseguir que se mantenha o máximo de tempo nesse equilíbrio. A arte da poda durante esse período consiste em ter a justa medida na hora das intervenções, visando sempre o estado de equilíbrio da árvore, favorecendo o crescimento de galhos novos, onde se encontram as folhas mais ativas, mesmo porque será neles que serão produzidos os frutos mais bonitos. Evidentemente esse equilíbrio fisiológico acontecerá também se outros fatores de produção forem considerados: a irrigação, a adubação e a luta contra os inimigos da cultura.

A *fase da velhice* ou da indução floral sem o crescimento vegetativo: essa última fase da vida da árvore se caracteriza por um excesso de produção de frutos (por conseqüência, menores) e uma redução progressiva do crescimento vegetativo. Para provocar uma segunda juventude na árvore, é necessário promover uma ruptura do equilíbrio entre o sistema aéreo e o sistema radicular, com uma poda radical. Como o potencial das raízes continua o mesmo, essa poda drástica favorece um crescimento vegetativo novo e mais vigoroso.

No quadro a seguir podemos talvez melhor visualizar o que acabamos de esboçar:

Os três estágios da vida de uma árvore

PERÍODO	JUVENTUDE	FRUTIFICAÇÃO	VELHICE
Equilíbrio fisiológico	Forte vegetação. Pouca ou nenhuma produção de frutos.	Relação ideal entre vegetação e indução floral.	Dominância da indução floral sobre a vegetação.
Conduta	Podar o mínimo possível. Até "nem podar" o comprimento, mas intervenções para distribuir a vegetação. Ao final do período, evitar que uma produção prematura se oponha ao desenvolvimento definitivo da árvore.	Poda de equilíbrio, de substituição ou de rejuvenescimento. Evitar intervenções severas demais, que quebrariam o equilíbrio em favor da vegetação. Ao final do período, podar mais severamente para prolongar o estágio adulto.	Poda mais severa para favorecer a formação dos galhos jovens, logo que a vegetação anual for insuficiente. Uma árvore adulta submetida a uma poda comprida demais cai no fim do estágio da velhice.
Adubo	Dose generosa de N.	Fórmula equilibrada.	Adubo de estímulo. Dose de N acrescentada para estimular a vegetação.
Produção	Frutos grandes, de qualidade inferior, com conservação defeituosa.	Nas árvores em equilíbrio fisiológico, os frutos adquirem a plenitude de sua qualidade e se conservam bem.	Os frutos tendem a ficar pequenos, amadurecer mais rápido. Conservam-se mal. Não há nenhum interesse em conservar as árvores nesse estágio; a produção diminui rapidamente.

Copa de uma árvore frutífera

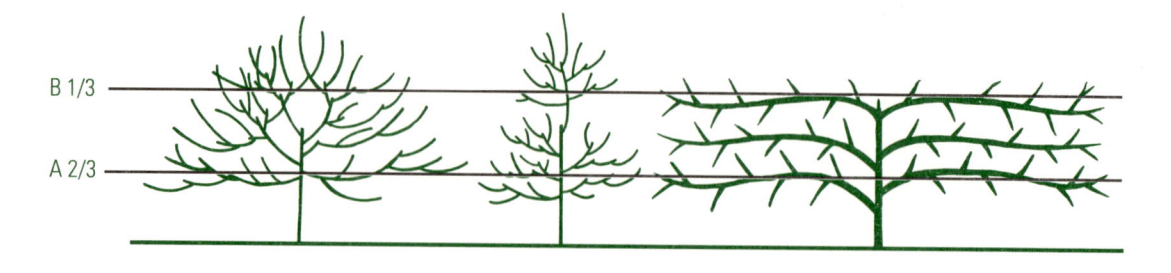

B 1/3
A 2/3

A- A zona de produção se situa nos primeiros dois terços. As intervenções da poda têm que ser orientadas no sentido de que todas as operações de manutenção, inclusive a própria colheita, possam ser feitas de pé.

B- Um terço de espaço é destinado a impedir que com o tempo a árvore forme um tipo de um guarda-chuva, quando o ideal seria que formasse um triângulo. No sistema Nakanishi, deve-se controlar o vigor do último andar.

A árvore frutífera

Uma árvore frutífera pode ser comparada, sob muitos aspectos, a uma comunidade auto-suficiente, em que cada parte desempenha uma função importante, porém dependendo das outras.

A principal função das raízes é extrair a água e os nutrientes do solo, que são depois transportados por um sistema específico para aquelas partes da planta que as utilizam.

As folhas são as maiores consumidoras de água e de nutrientes. A maior parte da água evapora das folhas através da transpiração. A transpiração é a força motriz do sistema de bombeamento que distribui elementos à planta toda. A transpiração também contribui para manter a planta fresca. A função mais importante das folhas, no entanto, é a fotossíntese. As folhas, e também os próprios frutos, interceptam a luz solar e absorvem o dióxido de carbono. Com este, juntamente com a água e os nutrientes, as folhas fabricam açúcares. Os açúcares são os elementos construtivos básicos para a fabricação de todos os outros elementos da planta.

A maioria dos açúcares e outros elementos é usada para o processo de crescimento da árvore, a maior parte sendo para produzir novos elementos, tais como brotos, flores e frutos. Todas as células vivas usam algum açúcar no processo chamado de respiração. Esse processo providencia energia para que a vida continue e para que todas as transformações químicas ocorram nas células. Uma parte do açúcar também é usada para providenciar energia para as células nas raízes, sustentando as suas funções de extrair minerais nutrientes e de bombear água. Uma parte do açúcar, dos nutrientes e de outros materiais é armazenada nas hastes e nas raízes e é com ela que as plantas sobrevivem no inverno. Na primavera começam o crescimento, a floração, a frutificação, que dependem, parcialmente desse material armazenado, chamado de "reservas".

Embora o sistema radicular e o sistema aéreo sejam totalmente independentes, existe uma forte relação de interdependência entre eles. Um serve ao outro.

A árvore, como o animal, inclusive o animal humano, é um organismo biológico, quer dizer, vivo. Como todo ser vivo, é sustentado por uma intensa atividade biológica complexa, que deve ser harmoniosamente balanceada para obter crescimento, desenvolvimento e comportamento adequados. Dentre todos os fatores de crescimento que influenciam o desenvolvimento da árvore estão não só os nutrientes, a água, a temperatura e a luminosidade, mas também a produção natural de hormônios. Nos animais e nos seres humanos estamos atentos à influência dos hormônios no crescimento e no desenvolvimento do indivíduo. Um hormônio é uma substância química que ocorre naturalmente em quantidades muito pequenas em uma parte do corpo. É transportado para tecidos ou órgãos-alvo, em concentrações ínfimas, onde provoca e controla uma resposta de crescimento ou de desenvolvimento. Nos animais, existem muitos tipos de hormônios produzidos em diferentes glândulas e com diversos órgãos-alvo. Nas plantas, existem diversos tipos de hormônios também. Os dois grupos mais importantes para o nosso assunto são as *auxinas* e os *giberelinos*, que são destinados a controlar o crescimento da árvore. O controle da resposta do crescimento é conhecido por dominância apical. O entendimento da dominância apical é vital para compreender a poda e o trato das árvores frutíferas, principalmente na primavera.

Quando a árvore sai da dormência na primavera, a gema apical do broto terminal (ou apical) é impelida à ação e começa o processo complexo do crescimento primaveral. Dentro da gema, existe um tecido (grupo de células) chamado *meristema*. Os meristemas nas plantas situam-se no local em que se produz o crescimento pelo processo de divisão da célula, produzindo novas células. À medida que esse processo se realiza, novas células são continuamente acrescentadas à planta, produzindo um aumento do comprimento e da grossura das estruturas da planta: é isso que chama-se crescimento.

Os meristemas mais ativos nas plantas são os que estão nas pontas dos brotos (*meristemas de brotos apicais*) e nas pontas das raízes (*meristemas apicais radiculares*). Igualmente importante é o *meristema intercalar*, comumente chamado de *câmbio*, isto é, a camada de células que separa a cortiça (a casca) da árvore. Constitui o tecido condutor de alimento (chamado de *floema*) da madeira, inclusive o sistema condutor de água e de nutrientes (chamado de *xylema*). Cada gema tem um meristema ativo ou potencialmente ativo. Esses botões são freqüentemente o alvo do processo da poda, que os força a produzir novo crescimento num ponto e numa direção desejada. Isso quer dizer que o podador pode selecionar o meristema que deve ser acionado. Também existem meristemas nas raízes, que produzem ramificações, conforme a planta cresce.

Quando começa a atividade do meristema apical do broto, na primavera, ocorre a divisão celular. Novas células são adicionadas ao comprimento dos brotos, que então se alongam para seu tamanho ideal. Isso provoca um alongamento muito visível dos brotos. Ao mesmo tempo, a atividade meristemática no câmbio produz novas camadas de células de floema (na cortiça) e novas células de xylema (unidas à madeira já existente). No solo, as raízes crescem em comprimento e em diâmetro pela mesma razão, e raízes secundárias se desenvolvem. Porém, mesmo havendo uma relação intrínseca entre a parte aérea e a parte subterrânea da árvore, cada uma tem sua autonomia. Não é a parte "superior" que manda na parte "inferior". Sabe-se que durante todo o inverno, quando a parte aérea aparentemente não está ativada, as raízes continuam seu processo de crescimento.

Quando começa a atividade no meristema da gema apical, esta produz um hormônio, chamado de *indole acetic acid* (AIA), que pertence ao grupo de hormônios das auxinas.

No talo, a auxina se movimenta para baixo dentro da floema e controla muito o crescimento, por exemplo o alongamento das novas células produzidas na ponta do broto.

As auxinas também estão envolvidas na produção e na repartição dos novos botões nos nódulos dos brotos novos quando crescem.

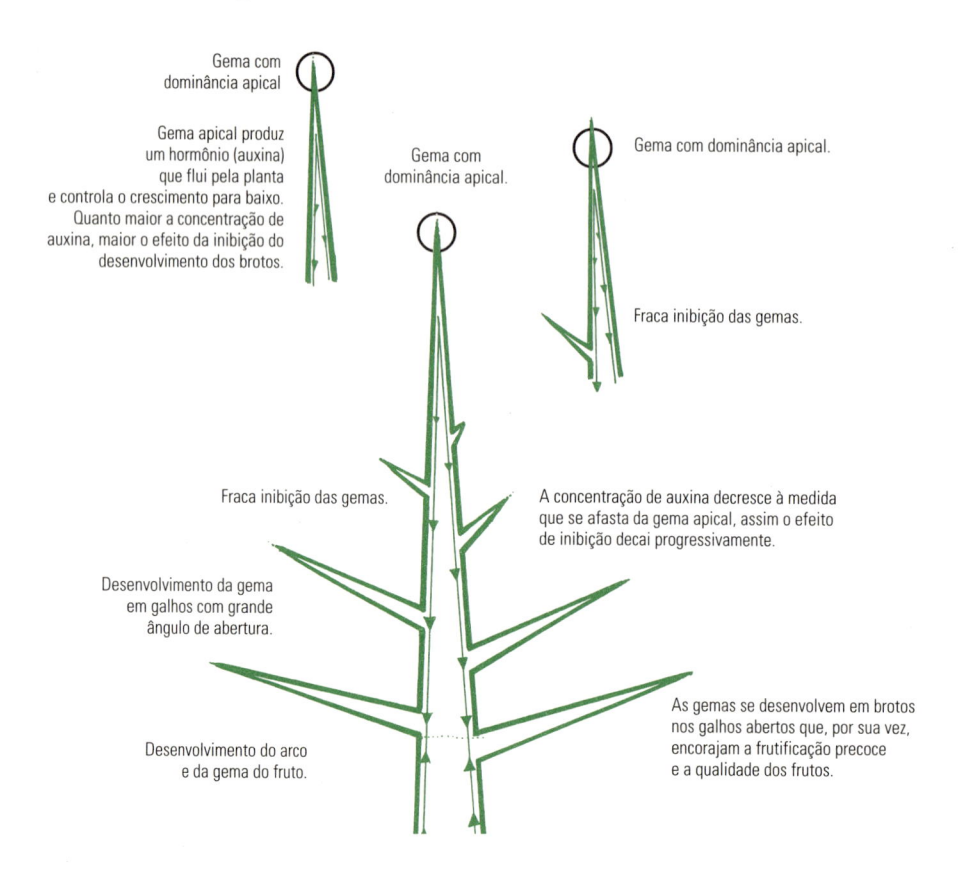

Gema com dominância apical

Gema apical produz um hormônio (auxina) que flui pela planta e controla o crescimento para baixo. Quanto maior a concentração de auxina, maior o efeito da inibição do desenvolvimento dos brotos.

Gema com dominância apical.

Gema com dominância apical.

Fraca inibição das gemas.

Fraca inibição das gemas.

A concentração de auxina decresce à medida que se afasta da gema apical, assim o efeito de inibição decai progressivamente.

Desenvolvimento da gema em galhos com grande ângulo de abertura.

As gemas se desenvolvem em brotos nos galhos abertos que, por sua vez, encorajam a frutificação precoce e a qualidade dos frutos.

Desenvolvimento do arco e da gema do fruto.

Mais importante ainda, do ponto de vista da formação da planta, é que a auxina inibe nas gemas recém-formadas a produção de outras gemas, forçando-as a produzirem folhas. Os botões apicais ou meristemas usam a auxina para dominar o crescimento do broto, evitando que algum broto lateral se desenvolva. Quanto mais forte o meristema apical, maior a concentração de auxina e maior a dominância. Isso é chamado dominância apical. É importante, portanto, o arboricultor estar atento às reações hormonais de suas plantas.

Reações hormonais das plantas acompanhadas pelo arboricultor

A concentração das auxinas diminui durante seu percurso para baixo do talo. Existe uma série de razões para isso. Algumas auxinas são usadas no processo de inibição da gema floral e no de alongamento da célula; outras para reações químicas que estão envolvidas e outras ainda são destruídas no contato com a luz. Ao mesmo tempo em que tudo isso ocorre outros hormônios, como as *citokininas* ou os *giberelinos*, são produzidos na planta.

Especialmente importantes para a conduta da árvore são os *giberelinos*, que são produzidos amplamente nas raízes e deslocam-se para cima na planta. O resultado é que em vários pontos dentro da planta existem equilíbrios variados entre os hormônios.

O balanceamento mais importante é aquele localizado num ponto crítico do talo, entre as auxinas e os giberelinos. Não podem mais inibir totalmente a gema, que se encontra em estado latente. A gema produz um broto que vai se desenvolver. É por causa do estado de equilíbrio hormonal que o broto irá crescer num ângulo mais ou menos amplo em relação ao talo. Um ângulo aberto demais é problemático no cuidado das árvores, não só por ser aberto demais (para suportar o peso dos frutos), mas sobretudo por ser o ângulo do galho que inicia a indução do broto do fruto e a seguir a produção de um fruto de qualidade. Esse broto, com seu próprio meristema apical de desenvolvimento, continua a crescer num ângulo determinado graças à mudança de balanceamento hormonal interna.

Existem vários tipos de gemas, como acabamos de mostrar: 1) *as gemas de broto*, borbulhos que darão nascimento a diversos brotos de galhos; 2) *as gemas florais*, que darão nascimento a uma ou diversas flores; e 3) *as gemas mistas de broto e flores*.

É fundamental saber que qualquer interferência na vida da árvore pode causar inversão: uma gema floral pode se transformar numa gema de broto e vice-versa. É como se em gemas específicas existisse o potencial de serem diferenciadas em flores ou em galhos. Mas normalmente as gemas florais se formam sobre os galhos do ano, como para o kiwi, por exemplo. Na primavera esses galhos se carregam de flores, mas também certos galhos de dois ou até três anos podem ter flores e esporadicamente até o tronco e os galhos verdes de seis a oito semanas, como no caso da uva. Se no caso de outras plantas frutíferas já se tem estudado a fundo esse assunto, não é o caso da cherimóia e da atemóia. Esse conhecimento é fundamental para podermos fazer a poda certa, especialmente a poda verde.

Quando fazemos uma poda drástica, sempre se gera como conseqüência a perda das reservas produzidas e armazenadas pela planta. Pois, sem uma reserva suficiente, as gemas florais se atrofiam, e se transformam em gema de broto.

No estado natural e espontâneo de uma árvore de cherimóia, sem nenhum tipo de interferência, a dominância apical favorece o crescimento do alongamento e do diâmetro máximo do galho-mestre ou central, que vai constituir o tronco, e também dos outros galhos verticais, que podem alcançar entre 5 e 7 m de comprimento. Os galhos laterais vão surgindo de maneira espontânea, e só quando as auxinas produzidas pelo meristema apical perdem a sua concentração é que se cria um novo equilíbrio entre os hormônios.

Naturalmente, quando a dominância apical é forte, a distância entre os galhos laterais é grande e, de fato, é o que se vê nas árvores em estado natural. Com o aparecimento de galhos laterais, a dominância apical é reduzida ou até anulada.

As laterais usam uma parte do vigor da dominância apical e com isso se estabelece um novo equilíbrio entre os diversos hormônios das laterais. Algumas vezes, depois de vários anos, começam a se formar galhos frutíferos. Quando a árvore está formada, naturalmente a dominância apical se perde.

No caso específico da cherimóia e da atemóia, sabe-se que:

1. A dominância apical é forte e pode se prolongar de oito a dez anos, também em árvores enxertadas, caso não tenha tido nenhuma interferência pela poda.

2. É importante saber que a cherimóia (e as anonáceas) têm suas gemas embaixo do pecíolo. Esta característica é única deste gênero e o restante dos frutos têm as gemas descobertas. Por isso, uma aplicação de uréia sobre as gemas não é recomendável.

3. A vegetação é atípica, a dormência invernal muito relativa. Elas perdem as folhas só em fins de setembro/outubro e algumas vezes precisam ser induzidas, caso contrário não haverá brotação e por isso os riscos e perigos de geada existem só no outono e nunca na primavera.

4. Logo depois da dormência, começa uma brotação vigorosa.

5. Formando galhos fortes, mas frágeis e flexíveis nos primeiros anos, a madeira só se solidifica no correr dos anos, de modo que facilmente os galhos se quebram com os ventos fortes. Essa fragilidade e flexibilidade, porém, apresenta a vantagem de podermos facilmente dobrar os galhos jovens, orientando-os na direção desejada. Além do mais, são árvores que respondem muito bem à poda.

6. Só duas ou três gemas abaixo do corte da poda vão brotar, dependendo do grau de inclinação, e dessas gemas pode-se produzir quatro brotos. As outras gemas ficam em estado de dormência.

7. Como a cherimóia e a atemóia são extremamente sensíveis e suscetíveis a qualquer tipo de poda, é suficiente podar uma folha, deixando o pedúnculo para favorecer uma brotação nova.

8. Com diversas podas verdes suaves, no decorrer do ano vegetativo pode-se formar muito rapidamente a estrutura permanente de uma árvore de cherimóia e atemóia.

9. Sabe-se também que a floração se realiza tanto sobre os galhos novos, jovens, quanto sobre os galhos de um e dois anos ou até mais velhos e que a floração se estende por diversos meses, fato que facilita a poda e o controle da frutificação.

Como na cultura de kiwi, na cultura de cherimóia e de atemóia deve-se favorecer a formação anual de novos galhos e, assim, teremos facilmente uma excelente floração e frutificação porque são galhos fortes, nos quais se encontram as folhas ativas. No inverno os galhos que já produziram frutos são eliminados, é claro, à medida que existam galhos novos suficientes. Certos arboricultores tentam renovar o sistema frutífero cada dois ou três anos (poda de troca constante de ramos frutíferos). Numa mesma árvore teremos, quase sempre, dois tipos de galhos frutíferos, um com uma produção de cinco ou seis frutos e outro em formação, que vai tornar-se galho frutífero no ano seguinte.

10. As gemas são laterais.

11. As gemas bem formadas podem dar galhos vegetativos ou galhos com flores ou ainda com vegetação e flores.

12. Um excesso de vegetação ou de sombra pode inibir a formação de gemas florais.

13. Na primavera, como no caso do kiwi, os galhos frutíferos se cobrem de flores, porém a fecundação natural acontece com dificuldade, muitas vezes por falta de umidade do ar e outros fatores.

14. Um galho, do mesmo ano, como no caso da videira, oferece florações nos meses de dezembro, janeiro e fevereiro.

15. Qualquer pequena interferência no ciclo vegetativo favorece a floração solitária.

16. Os galhos do mesmo ano rapidamente amadurecem e passam do estado semilenhoso ao lenhoso.

17. Como o sistema radicular é superficial, os ventos podem quebrar os galhos e até arrancar as árvores se as deixarmos crescer rapidamente demais em altura.

18. O fruto da cherimóia, e mais ainda o da atemóia, precisa ser protegido contra o excesso de luminosidade direta porque a pele é extremamente sensível ao raio solar. O fruto precisa de sombra, mas ao mesmo tempo devemos maximizar a luminosidade indireta. Sem essa luminosidade, os processos de fotossíntese não ocorrem adequadamente.

19. A poda verde radical reduz drasticamente o crescimento dos galhos que interferem negativamente sobre o sistema radicular e favorecem o fenômeno de alternância na produção, e perturbam também o estabelecimento futuro da planta.

20. As incisões acima das gemas facilitam a formação dos galhos frutíferos. As incisões abaixo aceleram a formação de ramos frutíferos e a floração, se forem realizadas no próprio tronco.

21. Os melhores galhos frutíferos são os semivigorosos (40 a 50 cm).

Com esses conhecimentos elementares da dominância apical e das características específicas da cherimóia e da atemóia, vamos ter condições de podar com inteligência, tanto para a formação estrutural da árvore quanto para a formação dos galhos frutíferos. Existem, como já fiz menção, três maneiras para intervir no crescimento, no desenvolvimento e no comportamento dessas árvores frutíferas, que são: a poda, a inclinação dos galhos e também a própria frutificação.

A poda de formação

Vamos começar pela formação da nossa árvore. Foi escolhido o sistema de conduta antes de plantar: o sistema que escolhemos determina a distância entre as mudas do pomar.

Conforme a altura desejada, habitualmente à altura do joelho (a 60 cm), recorta-se a muda, anulando a dominância apical:

a) Com essa interferência se inibe a dominância e se provoca uma distorção no equilíbrio hormonal, favorecendo a liberação de duas a quatro gemas abaixo do corte.

b) Dessa brotação, preservam-se os galhos, que são orientados. No caso de termos optado pelo sistema vaso, copa aberta, no método australiano, preserva-se só o que se chama de duas "pernas", dois galhos, ou de três a quatro se optarmos pelo sistema clássico. No caso de termos optado pelo sistema eixo central, guardam-se cinco galhos, quatro laterais e um central, o mais forte, mas não mais do que esses galhos porque não será preciso, além de criar confusão.

É importante guardar uma distância mínima de 20 a 30 cm entre esses galhos sobre o tronco porque eles vão se tornar com o tempo a estrutura da árvore (senão, mais tarde, esses galhos-mestre poderiam rachar no ângulo de inserção) (foto 49 - p. 138 e desenho p. 107 - A formação inicial do tronco). Para mais detalhes, ver no capítulo Sistemas de Condução (p. 118) os detalhes a respeito de cada sistema.

Já nesse primeiro corte da muda, a dominância apical é anulada temporariamente. No decorrer de meses e anos, com as podas sucessivas, vai se estabelecendo um equilíbrio, a árvore tendo galhos cada vez mais diversificados. Cada galho-mestre tendo a sua própria dominância apical administrada pela tesoura do arboricultor, ou, ainda melhor, com a poda verde, vai se inclinando. Com isso vai reduzindo-se pouco a pouco a dominância apical em favor de uma vegetação vigorosa, porém diferenciada, em todos os galhos, até se chegar a ter um controle completo quando se perde a localização específica da dominância apical. Essa perda, ou melhor, diferenciação por podas sucessivas pode ser comparada ao capitão de uma equipe de futebol que recebe um cartão vermelho. Ele está eliminado do jogo, porém toda a sua influência fica e cria-se uma nova dinâmica no time.

Qualquer que seja o sistema de conduta, são necessários alguns anos para instalar a estrutura permanente. Só tenho dados concretos no que diz respeito ao sistema de cerca. Assim, numa plantação bem-sucedida a estrutura permanente será alcançada ao fim de três anos, trabalhando-se com mudas que tinham 30 meses quando saíram do viveiro (um ano depois de terem sido enxertadas). No fim do segundo ano de plantação, a estrutura permanente do primeiro andar já está formada, pronta para entrar em produção com seus 16 galhos frutíferos. Para isso tivemos sempre em mente a orientação que desejávamos impor aos galhos-mestre e que espaço desejávamos que eles ocupassem uma vez adultos.

Nos dois ou três primeiros anos, na realidade poucas intervenções devem ser feitas, mas o pouco que precisa ser feito é de uma importância decisiva para a formação. Se não forem feitas no tempo certo, será tarde demais. É como com a educação dos filhos: é preciso acompanhar o crescimento deles, dando uma ajudazinha no momento certo. É melhor dar uma ajudazinha, uma orientação, ou fazer uma poda leve, do que ter que ser drástico mais tarde. A árvore tem seu jeito próprio de crescer, suas necessidades específicas a serem respeitadas; não adianta violentar a natureza.

Facilmente a dominância apical tenta se impor de novo em outro galho mais vertical, entrando dessa maneira em competição com os outros galhos, o que causa um desequilíbrio na formação das árvores. Existem duas soluções nesse caso: orientar os galhos ou podar acima da gema da qual você deseja que saia um novo broto. Mas não esqueça: só as duas ou três gemas abaixo do corte é que vão brotar. Evidentemente se preserva só um galho na direção adequada, procurando espaços vazios para favorecer o desenvolvimento da copa, os outros vão sendo eliminados através duma poda verde, suave, sem exaurir as reservas.

No primeiro e no segundo ano, não se pensa em formar galhos frutíferos; trabalha-se em favor da formação de uma estrutura permanente e equilibrada. Não deve-se esquecer que cada vez que se usa a tesoura, estamos fazendo uma interferência no crescimento da árvore e será necessário mais tempo para a formação dela.

Apesar de o trabalho com a tesoura ser inevitável e indispensável, ela deve ser usada o mínimo possível porque é sempre um corte, uma operação cirúrgica, com o risco de infecção. Ninguém, nem a planta, gosta de ir à mesa de operação e sofrer depois um tempo de convalescença, só se for para o bem dela. De fato, a poda serve para revigorar a parte mais fraca da árvore.

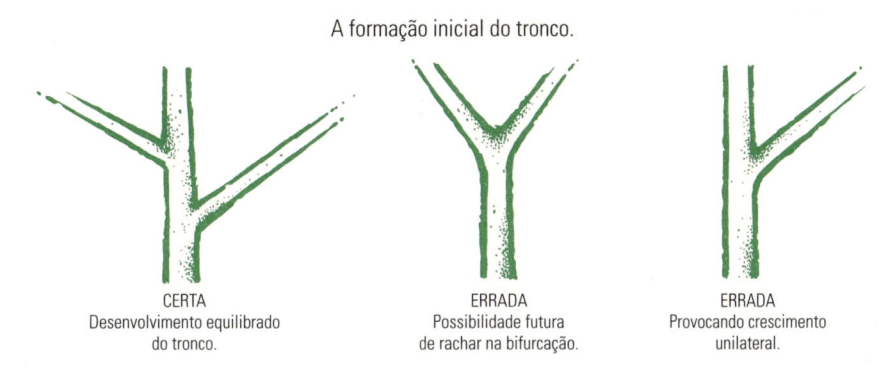

A formação inicial do tronco.

CERTA
Desenvolvimento equilibrado do tronco.

ERRADA
Possibilidade futura de rachar na bifurcação.

ERRADA
Provocando crescimento unilateral.

A poda de frutificação

A poda de frutificação é a poda orientada para favorecer a frutificação. Uma regra importante é a cada dois ou três anos os galhos frutíferos serem completamente renovados. Outra regra é que sempre devemos dar preferência aos galhos de vegetação do ano à medida que estejam semi vigorosos – comprimento ideal de 40 a 54 cm, numa posição ligeiramente inclinada de 30º a 90º. E outra é sempre tentar preservar os galhos frutíferos mais próximos do galho-mestre (permanente).

A poda de frutificação é basicamente determinada pelo que você pretende ter como produção em termos de qualidade e de quantidade. Querer ter entre 40 e 60 frutos de uma planta de 4 anos é uma expectativa normal. Uma árvore de 5 anos pode produzir 100 frutos e 200 no sexto ano.

A época da poda habitualmente define a época da floração, com a limitação de que a poda sempre se faz entre fins de julho e outubro.

Na poda de inverno, eliminam-se habitualmente os galhos que já produziram e se reduzem a 25 ou 30 cm os galhos do ano, que são os galhos frutíferos. As folhas devem ter caído e caso se queira antecipar essa queda pode-se provocar quimicamente assim como para outras plantas frutíferas.

Depois de acabar lendo tudo que escrevi sobre a fisiologia e a poda, seria simplista demais dizer: podar os galhos de um ano a 25/30 cm do tronco. Um bom podador define quantos frutos deseja que sejam produzidos e que tipo de produção deseja. Ele pensa, calcula e representa quais vão ser as reações de suas árvores com a sua poda. Por exemplo, não é necessário podar um galho jovem semivigoroso, com a inclinação adequada a 20/40 cm do tronco, pois ele irá produzir excelentes frutos. Mas se deixarmos um galho com 60/70 cm, ele irá florescer de maneira abundante, e caso a frutificação tenha sido boa, será preciso dar um apoio com uma vareta de bambu, para que não se quebre com o peso das frutas. Então é melhor podá-lo acima de duas ou três gemas. A poda de um galho deve ser considerada em relação ao todo.

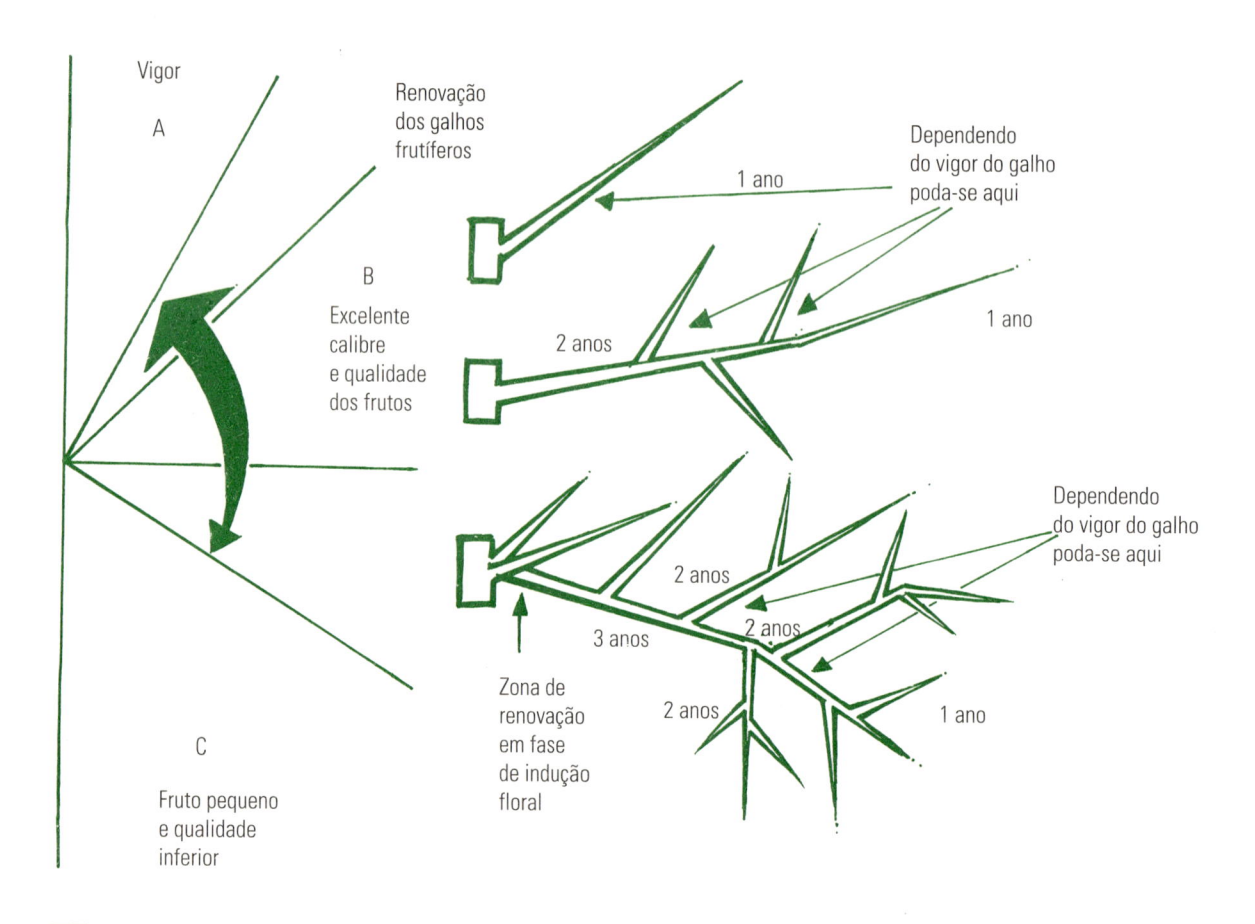

A poda verde

É uma operação muito delicada, porém essencial no caso da cherimóia e da atemóia. Deve ser feita diversas vezes ao ano, sempre de maneira suave.

A poda verde facilmente rompe e prejudica o equilíbrio da planta pelo fato que reduz o poder de fotossíntese das folhas. As novas brotações e o enfolhamento se faz explorando parcialmente as reservas que não foram armazenadas para essa finalidade. Assim corre-se o risco de exaurir a planta para o futuro. Uma adubação de nitrogênio e de potássio diretamente assimiláveis torna-se indispensável para remediar esse risco de perda excessiva.

A função da poda verde é estabelecer ou manter o equilíbrio da árvore e zelar pela formação e pelo equilíbrio dela, além de controlar ou reduzir o excesso de vegetação. Esse trabalho deve ser orientado para favorecer a formação de galhos frutíferos para o próximo ano. Para um bom desenvolvimento dos frutos, não é preciso manter mais do que 12 a 15 folhas sobre esses galhos depois do último fruto. Os galhos frutíferos em formação podem ser podados (poda verde) a 40 cm, 50 cm de comprimento. Entre um galho e outro uma boa distância é de 40 cm. Os outros podem ser eliminados. Com os galhos muito vigorosos, no início da primavera pode-se podar acima da segunda gema. Dois galhos semivigorosos valem dez vezes mais que um vigoroso.

No caso da cherimóia e da atemóia, existem diversos tipos de poda verde: o primeiro, consiste em reduzir com a tesoura uma parte do galho jovem, favorecendo novas brotações vegetativas, inclusive florais.

O segundo tipo de poda verde consiste em separar as duas ou três novas folhas do broto e, com as unhas, cortar o botão apical (foto 60 - p. 140).

Esse tipo de micropoda pratica-se quando se considera que os galhos já atingiram a medida certa e não se desejam novas brotações vegetativas. Dessa maneira, a força vital vai se orientar para outras partes da árvore. Com essa simples operação, provoca-se muito facilmente a indução floral, se for praticada em fevereiro/março, favorecendo-se uma floração tardia e, por conseqüência, também a possibilidade de uma produção tardia, como me ensinou Nakanishi.

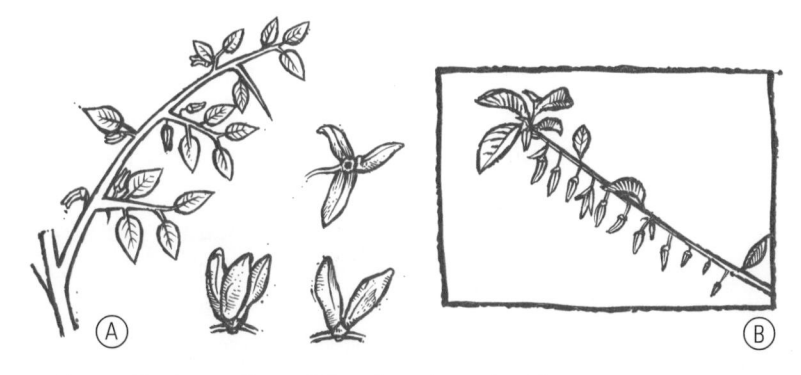

A - Brotação da primavera de um galho de atemóia com folha e flor após a poda no inverno.
B - Galhos de atemóia – folha e flor sem poda.

A inclinação dos galhos e a continuação da formação

Uma segunda maneira de trabalhar para reduzir a força apical é inclinar os galhos. Sabe-se que a dominância é máxima na vertical e proporcional ao ângulo de inclinação. Assim, se você curva os galhos na posição horizontal, a dominância apical se perde, e o alongamento reduz-se ao mínimo, praticamente não cresce mais. A tendência será então criar galhos frutíferos, ao mesmo tempo que ocorre um redirecionamento da seiva. O perigo é saírem brotos vigorosos, os famosos ladrões, assim chamados por roubarem a seiva.

Para a formação dos galhos-mestre a distribuição da dominância apical sobre um galho depende do ângulo de inserção, conforme mostrado abaixo.

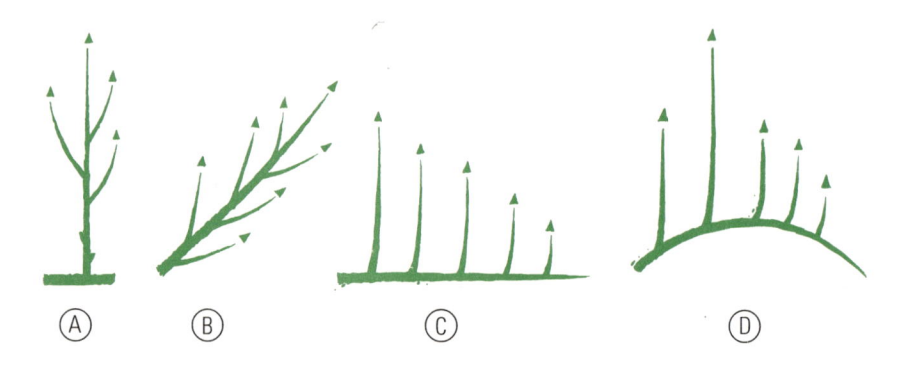

A - Na vertical a tendência é crescer na altura em detrimento da base.
B - Com um ângulo de 45º, a seiva se distribui bem. Se ele for inclinado à medida que o galho-mestre cresce, a distribuição da seiva é ainda melhor.
C - Na horizontal, o vigor máximo se encontra no começo.
D - Distribuição da força no caso C e D. Com a poda verde, se equilibra a força dos galhos.

No momento da formação de uma árvore jovem, nos seis primeiros meses, é necessário favorecer um ângulo de 30º/40º dos galhos. Assim, permite-se o alongamento desejado do galho. Ao fim do primeiro ano vegetativo, será possível ter um ângulo de 90º. Com os anos e o peso dos galhos, esse ângulo aumenta ainda mais. Na prática, para chegar a essa inclinação, colocam-se estacas de bambu com a inclinação desejada e nelas se amarram com barbante ou fita os galhos. Nos dois primeiros anos, é fácil dobrar esses galhos por serem moles ainda.

No final do segundo ano de plantação, especialmente tendo usado plantas jovens de 30 meses, já se delineia a formação da árvore e se define o espaço que ela vai ocupar. Você poderá então pensar em ter uma pequena produção de frutos. Aliás, isso acontece quase naturalmente se os galhos tiverem a inclinação adequada. Essa pequena produção pode eventualmente cobrir as despesas de manutenção do ano.

No momento da formação da árvore, ao permitir uma pequena produção, o mais importante não está em procurar o retorno de seu investimento, mas em reduzir o vigor vegetativo de sua planta e induzir a brotação dos ramos favoráveis à produção de futuros frutos.

Este gráfico mostra a importância da inclinação dos galhos em relação ao desenvolvimento vegetativo da árvore e à produção dos frutos.

Relação entre a produção de frutos e vigor dos galhos.

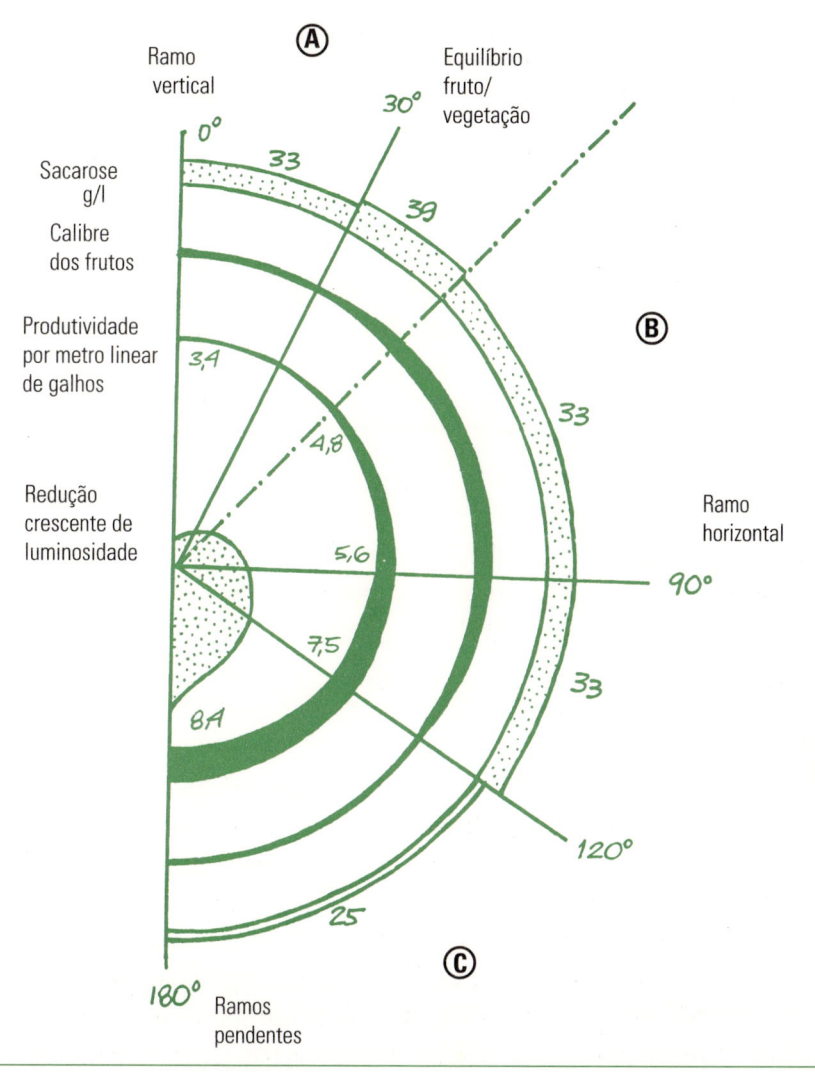

Ⓐ Ramo vertical — 0°
30° — Equilíbrio fruto/vegetação
Sacarose g/l
Calibre dos frutos
Produtividade por metro linear de galhos
Redução crescente de luminosidade
Ⓑ
90° — Ramo horizontal
120°
Ⓒ
180° — Ramos pendentes

Valores indicados no gráfico: 33, 39, 3,4, 4,8, 33, 5,6, 7,5, 8,4, 33, 25

O gráfico sintetiza as pesquisas sobre a relação vegetação/produção de certas variedades de maçã, realizadas pelo arboricultor francês J.M. Lespinasse. Se de uma maneira geral seus resultados são válidos para muitas árvores frutíferas, não o são para todas. Esses resultados matemáticos precisos não serão necessariamente válidos para a cherimóia e a atemóia, porém já sabemos que a localização dos frutos de qualidade se situa na mesma região daquela indicada pelo gráfico.

A inclinação foi observada e estudada por um dos grandes arboricultores e pesquisadores franceses, Jean-Marie Lespinasse. Essas observações podem nos ajudar muito a compreender melhor o crescimento da árvore e como e por que a árvore entra ou não em produção.

Olhando o gráfico, pode-se dizer em resumo que existem três pontos distintos onde ocorre a produção:

A - Entre 0º e 30º de inclinação, a vegetação é forte e a produção é fraca porque a dominância apical produz só vegetação.

B - Entre 30º a 120º de inclinação, existe um equilíbrio ideal entre vegetação vigorosa e frutos que favorece a produção e a indução de formação de galhos frutíferos, porém a dominância apical ainda é vigorosa. Produz abundante substância nutritiva para o desenvolvimento de fruto de qualidade. O produtor deve procurar trabalhar com a zona B (acompanhe o gráfico).

C - Entre 120º a 180º de inclinação, a dominância apical se perdeu por completo, aparecem falta de vigor e sinais de falta de nutrientes; os galhos são pequenos, os frutos são abundantes, mas pequenos.

No terceiro ano, como nos anos seguintes, em agosto e setembro, você já adquiriu familiaridade com a sua árvore. Nesse momento não basta olhar apenas com seus dois olhos, mas especialmente com um terceiro olho, o chamado bom senso. Observar, simplesmente observar. Aparentemente é uma coisa fácil, porém poucas pessoas sabem simplesmente observar. Observa-se primeiro a planta como um todo e depois cada parte em separado. Se trabalhamos bem os dois primeiros anos, haverá pouca coisa a fazer porque uma boa parte da estrutura já estará instalada e a força apical, embora ainda vigorosa, estará bem diferenciada no sistema vaso (ver capítulo Sistemas de Condução - p. 118) entre seis ou oito galhos adequadamente inclinados. O trabalho na poda de inverno irá consistir em podar os galhos laterais, permitindo formar durante o ano vegetativo outros novos galhos laterais, completando a estrutura permanente. Como princípio efetuam-se primeiro os cortes mais importantes. Muitas vezes um ou dois cortes são suficientes, e se a poda for feita no verão não há quase nada a eliminar, senão reduzir o tamanho dos galhos para favorecer uma nova brotação. A poda pode ser feita para eliminar um galho que não esteja no seu lugar ou para encurtá-lo, quando se quer favorecer uma brotação nova na primavera, ou para lhe dar melhor orientação, sempre buscando o equilíbrio, boa abertura entre os galhos e boa distância entre os galhos frutíferos (entre 30 e 60 cm), o que irá favorecer ao máximo a entrada de luminosidade no futuro.

Uma árvore reage automaticamente. Assim, pensando o que seu corte vai provocar, é previsível a brotação e fica fácil contribuir para dar à árvore a forma desejada.

Na primavera do terceiro ano, surge uma vegetação exuberante, especialmente se todos os nutrientes estão disponíveis e com irrigação à disposição. O que fazer? Dar uma pequena assistência ao desenvolvimento da estrutura. Mas na realidade, quando se cuidou bem da estrutura, os galhos frutíferos se formarão naturalmente e na época certa. A copa foi por assim dizer programada geneticamente. Depois de determinar o número de galhos a serem preservados, os outros serão eliminados. Esse trabalho começa em outubro e termina em abril, com várias intervenções, acompanhando as plantas a cada três semanas.

Excesso de vegetação gera sombra em excesso, constituindo-se assim o lugar ideal para o desenvolvimento de doenças e para esconderijo de insetos. É absolutamente necessário, quando se pulveriza, alcançar facilmente toda a superfície das folhas, dos frutos e dos galhos e, no momento da colheita, ter fácil acesso aos frutos.

Sabe-se que o próprio fruto é tão importante quanto as folhas para a fotossíntese. Assim, é evidente que precisamos maximizar a entrada de luminosidade em toda a árvore, mas de forma indireta porque a pele do fruto é extremamente sensível e se deteriora facilmente quando exposta diretamente aos raios solares.

A frutificação: um controle do crescimento da vegetação

Como a cherimóia e a atemóia florescem sobre os galhos novos, pode-se polinizar uma certa quantidade de flores, pois tudo depende do vigor da árvore. No terceiro ano, favorecer o início da produção é uma excelente maneira de reduzir a dominância apical e, por conseguinte, controlar o crescimento. Isso deve ser feito com parcimônia, sem querer demais. Na terceira primavera da plantação, as árvores são ainda delicadas e os galhos frágeis para poder carregar frutos de 500 g cada. Seria exigir um esforço grande demais da planta e forçaria uma polarização da energia e dos nutrientes só para o fruto. É como se tirassem as reservas contidas nas diferentes partes da planta jovem para destiná-las aos frutos, o que acaba por afetar seu crescimento no futuro. Por outro lado, esse peso do fruto seria mais do que suficiente para inclinar os galhos carregados abaixo da linha horizontal. Com isso já se permite tirar toda a força apical e deslocar as auxinas e os nutrientes para o meio do galho, favorecendo novas brotações de galhos frutíferos, como indica a ilustração abaixo.

Esse modo de manejar as árvores é mais rentável do que eliminar continuamente galhos pela poda. É evidente que não se pode abusar também dessa técnica, que deve só ser aplicada com árvores vigorosas, bem nutridas.

Outros fatores podem influir positivamente no vigor: uma terra rica e bem irrigada, uma adubação adequada de nitrogênio. Negativamente, qualquer estresse, falta de nutriente de água ou doenças reduzem a força apical. Como já foi dito, a produção, a inclinação dos galhos e a poda também reduzem o vigor da planta.

O controle de crescimento da vegetação pela frutificação é uma prática recém-introduzida na arboricultura moderna. Essa tendência significa economia de mão-de-obra e de material vegetativo, sem desperdício. A poda é uma interferência humana na natureza e para ser eficaz ela tem que estar em harmonia com as leis da natureza. O controle da planta deve se limitar a dar uma assistência inteligente ao desenvolvimento da árvore. É o que se chama cultura, no sentido pleno da palavra.

Antes de passar para o próximo capítulo, sobre diversos sistemas de plantação, gostaria de discutir algumas leis naturais que se referem ao equilíbrio entre os ramos.

As leis naturais, e o equilíbrio entre os galhos

A) De dois galhos de diâmetro igual, situados no mesmo nível, com o mesmo ângulo, podar o mais comprido em relação ao outro terá como conseqüência fortalecer o primeiro e enfraquecer o segundo.

B) De dois galhos de mesmo diâmetro e com o mesmo ângulo, situados a diferentes alturas, o galho superior será favorecido em relação ao galho inferior.

C) De dois galhos de mesmo diâmetro, mas com ângulos diferentes, situados no mesmo nível, aquele que formar o ângulo mais agudo (fechado) será favorecido em relação ao galho formando um ângulo mais aberto.

D) De dois galhos com o mesmo ângulo, mas de diâmetros diferentes, aquele com o diâmetro maior será favorecido em relação ao que tem diâmetro menor.

E) De dois galhos situados no mesmo nível, com mesmo ângulo e mesmo diâmetro, aquele que tiver o maior número de órgãos secundários será dominante. Esses órgãos secundários não são apenas os pequenos galhos, dardos, esporões, mas podem ser também os galhos mais recentes e vigorosos de um ano.

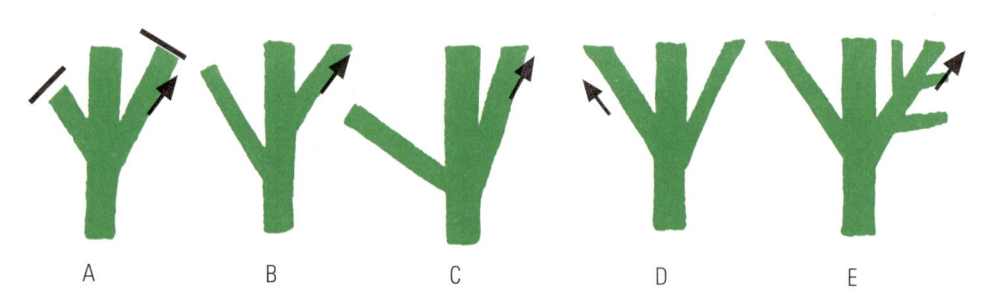

Leis de equilíbrio entre galhos: a seta indica o galho que dominará o outro. As letras se referem às cinco leis do texto. O equilíbrio da coroa ficará comprometido se não forem respeitadas simultaneamente as cinco regras.

Equilíbrio entre as partes da coroa

Entre os elementos simétricos do esqueleto, é preciso manter um desenvolvimento equilibrado. Assim, por exemplo, os galhos que formam a estrutura do arbusto devem ter o mesmo potencial vegetativo; o mesmo é verdade também para os dois galhos laterais quando se trata do modo de conduta, senão um dos elementos irá dominar o outro, acarretando o crescimento desequilibrado da coroa.

Para manter o equilíbrio durante o período da formação, é preciso diminuir a superfície foliar do galho dominante para que se possa aumentar a do galho desfavorecido.

O equilíbrio deve ser mantido também entre os elementos diversificados do esqueleto, tais como o eixo central e as estruturas laterais. O eixo central, pela sua posição vertical, é favorecido em relação aos galhos oblíquos. Disso resulta a seguinte regra: para manter o equilíbrio entre o eixo central e a estrutura, deve-se podar mais severamente aquela que já está mais desenvolvida.

Para conseguir um equilíbrio entre as diversas partes da coroa, pode-se reduzir em primeiro lugar a superfície foliar das partes favorecidas, em segundo lugar podar o comprimento do galho mais comprido ou, também, pode-se fazer incisões acima do galho para fortalecê-lo ou abaixo para enfraquecê-lo.

Incisão acima da gema favorece o desenvolvimento da vegetação

Incisão abaixo da gema acelera a transformação em gemas florais

Instrumentos de trabalho do podador

- Uma boa cabeça, que sabe o que faz e sabe se servir das suas duas mãos e de uma tesoura.
- Uma boa tesoura que permita fazer cortes limpos.
- Um serrote.
- Uma lata de tinta plástica.
- Um pincel.
- Um litro de álcool a 70%.

A lata de tinta e o pincel serão usados caso seja necessário cortar galhos grossos de 1 cm de diâmetro. Coloca-se tinta no corte para impedir a entrada de bactérias, vírus ou fungos. Na prática a tinta é aplicada logo após o corte. O álcool será usado caso ocorra a poda de um galho doente. É indispensável colocar a tesoura no álcool depois de cada corte para não transmitir a doença às outras árvores.

Mudas Selecionadas

Pêssego - Caqui
Ameixa - Pêra - Nêspera

Jean Marie Veauvy

Produção Própria
Registro do viveiro: SP 4980 P/CA1

Caixa Postal 72-13.160.000 - Artur Nogueira - SP - Tel./Fax: (19) 820.1880

Tecnologia e Tradição Gerando Qualidade

- okatsune
- MAX CO.
- Kamaki
- PRO CHIKAMASA

Ferramentas originais "MADE IN JAPAN"

TECHNES AGRÍCOLA LTDA.

CAPÍTULO 18
SISTEMAS DE CONDUÇÃO

Antes de implantar uma cultura, é preciso obedecer a certos critérios. Um deles é definir o sistema de cultura que você pretende conduzir em seu pomar. É fundamental porque, depois de implantado, não se pode mais mudar.

No decorrer da história da fruticultura, os arboricultores desenvolveram os mais variados sistemas imagináveis para conduzir suas árvores frutíferas, e ainda se pesquisa para saber qual o sistema ideal. Grandes mestres se destacaram, tanto na Suíça, como na França, na Holanda, na Bélgica, na Nova Zelândia e no Japão e outros países. Na Nova Zelândia existe hoje um sistema chamado Ebro-Espalier, patenteado por Roger Evans.

Cada sistema poderá atender a certas finalidades específicas, dentro de certos parâmetros e condições determinadas. Evidentemente, um amador, que planta uma árvore frutífera para alimentar os passarinhos da região, tem uma perspectiva muito diferente de um arboricultor profissional, que procura a produtividade e a garantia de frutos de qualidade e precisa, em curto espaço de tempo, do retorno rápido de seu investimento financeiro.

Quem planta por hobby não precisa fazer cálculos. Mas o arboricultor, que tem um objetivo bem definido, precisa de disponibilidade financeira, tempo disponível e mão-de-obra para a manutenção de sua cultura e também para a polinização artificial e colheita. Ele precisa como qualquer administrador calcular.

No caso de uma cultura nova, como a da cherimóia e da atemóia, é preciso saber dos riscos, que são parcialmente relacionados à competência profissional. Cada vez mais o arboricultor terá que pensar como um industrial.

Em todos os sistemas existentes, pode-se perceber uma linha divisória entre o espírito de duas épocas. O sistema antigo, também chamado de convencional ou de clássico, contrapõe-se ao moderno, com suas múltiplas variações. A arboricultura moderna se desenvolveu graças ao maior conhecimento da fisiologia das árvores, às pesquisas científicas e à definição mais clara das necessidades do mercado de consumo.

Aqui, para a cherimóia e a atemóia irei simplesmente examinar quatro sistemas de conduta que vi, estudei no campo e implantei um deles em minha própria cultura. Esses sistemas são: antigo, vaso, vertical e, enfim, o sistema exclusivamente elaborado para a atemóia, o Nakanishi.

O sistema antigo

É a plantação onde há 12 m de distância, algumas vezes 12 m x 8 m, entre as plantas, com grandes árvores frondosas, de até 10 m de altura. Entram em plena produção de 10 a 12 anos depois de plantadas. Uma das vantagens desse sistema é a baixa manutenção e a outra, o baixo investimento. A plantação, porém, só apresentará retorno a longo prazo, para os filhos, netos, ou bisnetos. As pulverizações são difíceis e a colheita é ainda mais onerosa.

Existem ainda velhas plantações de cem anos em excelente produção, tanto na Austrália quanto no Chile e na Espanha. Hoje não se planta mais nesse sistema. Tradicionalmente, tendo a planta um tronco de 1,50 m, escolhiam-se de três a quatro galhos-mestre para formarem a copa em forma de cruz deitada, a 1,5 m do chão para os animais poderem pastar embaixo. Esse sistema de consórcio entre os animais e as plantas foi abandonado.

Uma vez formada a árvore, a poda se limitava a suprimir os galhos mortos e os ladrões, favorecendo a aeração dentro da árvore. Depois da Segunda Guerra Mundial, surgiu uma nova geração de agrônomos pesquisadores movida pelo espírito moderno da produtividade e da rentabilidade e que começou a estudar sistematicamente a fisiologia da planta e seu ciclo vegetativo a fim de alcançar a produtividade máxima.

Nessa nova arboricultura, o arboricultor pensa do mesmo modo que no modelo industrial: retorno rápido de investimento, produção já no segundo ano de plantação, alta produtividade por árvore e por hectare, aumento da eficiência do trabalhador. Para isso foi preciso inventar novos sistemas de conduta para facilitar os trabalhos de poda, colheita e pulverização. Os custos precisavam ser reduzidos, as pragas mais bem controladas, e a produção também, de modo a aumentar as qualidades organolépticas do fruto. Esses são alguns dos parâmetros que a arboricultura moderna continua a desenvolver.

Sistema vaso ou copa aberta

Nos anos 50 começou a se formar o vaso, a uma altura menor: a 80, 70 cm do chão. Foi o primeiro passo em direção à arboricultura moderna, o que já simplifica a colheita e a polinização artificial.

Existem diversas maneiras de formar a copa. Habitualmente o vaso se forma com dois ou três galhos-mestre, chamados também de galhos principais, deixando-os crescer num ângulo natural de 30º a 40º. No final do primeiro ano podam-se os galhos a 60 cm para, no decorrer do segundo ano de plantação, formar dois, três ou até quatro galhos secundários que terão mais ou menos 60 cm de distância entre um e outro. No terceiro ano repete-se a mesma operação. Assim, no espaço de quatro a seis anos a árvore estará formada, conforme gráfico a seguir.

No mundo inteiro é ainda o sistema mais usado pelo fato de ser o mais fácil de implantar e o mais barato e, além de tudo, por serem os erros de poda mais facilmente corrigidos. Sem dúvida, esse sistema favorece o desenvolvimento e o crescimento da planta, mas não a formação dos galhos frutíferos. Mais exatamente: é mais difícil a formação dos galhos frutíferos em comparação a outros sistemas de conduta recentemente desenvolvidos. Podemos acrescentar ainda que, uma vez a copa formada, o que demora cinco a seis anos, a luminosidade não penetra bem no centro da árvore, facilitando a aparição de parasitas. Com o excesso de sombra, é mais difícil produzir frutos de qualidade e a fotossíntese não é das melhores. Para remediar esses dois inconvenientes, as podas de verão serão necessárias para abrir a copa e para fazer o controle fitossanitário. Essa conduta também exige uma pulverização a alta pressão, para que seja possível penetrar bem no centro da árvore.

Em termos de mão-de-obra, a colheita é mais difícil, especialmente porque os frutos verdes se confundem facilmente com as folhas. Com a idade da planta e o peso dos frutos, os galhos tendem a se curvar para baixo, forçando quem colhe a se curvar. Os frutos algumas vezes ficam quase rentes ao chão. Devido à superficialidade das raízes, a massa vegetal exposta ao vento pode facilmente derrubar as árvores. Com esse sistema a cultura só entra em ótima produção depois de seis anos de plantação.

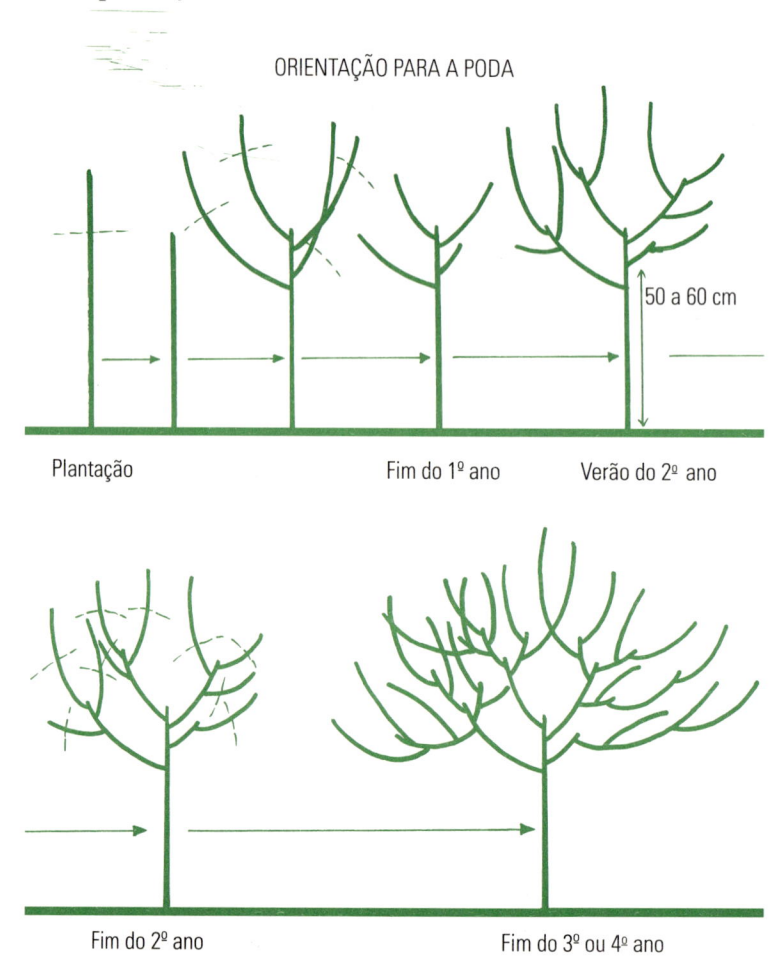

ORIENTAÇÃO PARA A PODA

Plantação — Fim do 1º ano — Verão do 2º ano (50 a 60 cm)

Fim do 2º ano — Fim do 3º ou 4º ano

Mas o maior inconveniente, é que no momento da poda de inverno esse sistema exige um pessoal muito bem formado e treinado. De qualquer forma, apesar das críticas, ele foi e ainda é o sistema mais usado no mundo. Se é assim, é porque deve ter grandes vantagens. A densidade da plantação é limitada (416 árvores/ha ou ainda menos, quando se planta a uma distância de 6 m sobre 6 m chega-se só a 277 árvores/ha).

Não se pratica a cultura intensiva com esse sistema de condução, o que tem como conseqüência uma má ocupação do terreno durante os primeiros anos de cultura.

Sistema vertical

Usando-se o sistema vertical, é preferível começar com mudas já preparadas no viveiro para essa finalidade. São mudas de quase dois anos, com 1,50 m. É um sistema excelente para a plantação de cherimóia e atemóia e também para as culturas intensivas. No primeiro ano de formação, a única diferença em relação ao sistema vaso aberto é que se favorece o desenvolvimento de um galho na posição vertical, enquanto os outros são orientados para formar um "X" deitado. Nos primeiros anos, é necessário o uso de um pequeno suporte que favoreça a posição vertical do eixo central.

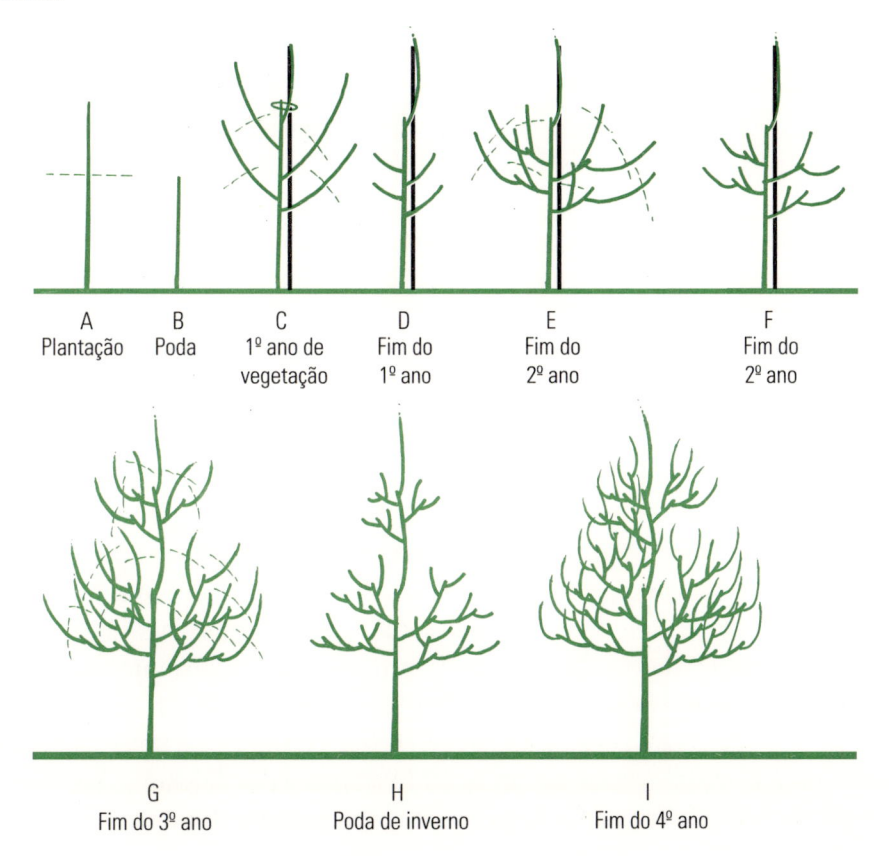

A Plantação
B Poda
C 1º ano de vegetação
D Fim do 1º ano
E Fim do 2º ano
F Fim do 2º ano
G Fim do 3º ano
H Poda de inverno
I Fim do 4º ano

O importante no primeiro ano é formar as quatro laterais com um ângulo de quase 90° dentro da orientação certa. Outro fato importante é que não se pode formar o segundo piso sem formar bem o primeiro.

O segundo andar, que normalmente é formado no segundo ano de plantação, se situa a uma distância de 70 cm acima do primeiro, preservando os pequenos galhos frutíferos no eixo vertical. Para facilitar a compreensão, acompanhe os desenhos da página anterior.

A ocupação do espaço delimitado para a árvore é mais rapidamente realizado do que com o sistema vaso. A produtividade é maior por haver mais árvores por hectare, e a produção começa mais cedo.

É o sistema mais eficaz para interceptar a luminosidade e formar rapidamente os galhos frutíferos. Poderíamos até dizer que seria o modelo ideal para a cultura da cherimóia e da atemóia e o mais produtivo, porém exige um certo conhecimento para conduzi-la. É aconselhável que o arboricultor tenha à disposição no momento da poda podadores formados.

O eixo vertical é fácil de ser formado porque esse sistema respeita o desenvolvimento natural da árvore e sua fisiologia. São necessárias poucas interferências para que rapidamente o sistema se instale.

A densidade de plantas por hectare pode chegar a 833, com distâncias de 3 m dentro da linha e 4 m entre as linhas. Mas pode-se reduzir a distância entre as linhas a 3,5 m. Assim, o espaço ocupado por uma planta confiada à terra, incluindo o espaço usado para a manutenção, é de 10,5 m^2 e a densidade por hectare chega a 952 plantas. Qualquer que seja o sistema usado, a produção por planta fica relativamente constante assim como os custos, o que muda é apenas a produção por hectare.

A produção por árvore é a mesma ou até inferior à do sistema vaso, mas ganha-se pelo número de plantas num hectare, e assim a produção acaba sendo bem superior.

Sistema Nakanishi ou cerca

Que eu saiba, Nakanishi foi o primeiro a instalar, pelo menos aqui no Brasil, esse tipo de sistema de conduta com a atemóia. O sistema pode ser adaptado somente se o arboricultor conhecer a fundo a sua profissão. Qualquer erro é imperdoável e pode conduzir a pesados prejuízos econômicos. A poda verde está na base desse sistema. Não se pode implantar esse tipo de sistema sem um bom chefe de cultura, competente não só no que diz respeito à poda, mas também a outros fatores de produção, principalmente à adubação, à irrigação e ao controle das parasitas.

O sistema consiste, depois de ter determinado a localização das linhas, em plantar as mudas a 6 m de distância dentro da linha com 4 m entre as linhas, ou seja 416 plantas por hectare. Numa cultura intensiva, a distância dentro da linha pode ser reduzida pela metade. Assim, a densidade por hectare chega a 853 árvores. Sem problema a distância entre as linhas pode ser reduzida a 3 m, chegando assim a 1.111 árvores por hectare. Assim os custos de irrigação e sombreamento são proporcionalmente menores por árvore.

Não é o preço da muda que pesa no custo de uma plantação e, sim, toda a sua instalação. Em culturas intensivas, podemos reduzir essas distâncias a 3,5 m entre as linhas e a 3 m dentro da linha. Na sua instalação esse sistema exige suportes. A cada 10 m dentro da linha se instala um mourão de 2,5 m de altura, a 60 cm de profundidade. No mourão são esticados três fios 14, fios especiais de aço galvanizado para arboricultura. O primeiro fio é colocado a 80 cm da terra; o segundo a 1,40 m, e o terceiro a 1,90 m. Os fios são esticados com esticadores de cerca. Essa estrutura serve de apoio na formação da estrutura da árvore.

É preciso ter o cuidado de plantar de maneira que as folhas ou gemas laterais se desenvolvam no sentido da linha.

No primeiro ano de plantação, se poda a 60/70 cm de altura, mais ou menos na altura do joelho. Na brotação, se conservam três galhos: dois vão servir para fazer as duas laterais, que serão curvadas e depois amarradas ao primeiro fio, a 80 cm. O terceiro galho vai subir para constituir com o tempo o galho de onde partirão as outras duas laterais no segundo andar (piso) a 1,40 m. Mais tarde, um galho que irá brotar dele para formar as laterais do terceiro andar, será amarrado ao terceiro fio. É de extrema importância que não se comece a fazer o segundo andar antes de terminar o primeiro e, assim por diante.

Numa cultura intensiva essa estrutura leva de três a quatro anos para ser definitivamente instalada e é formada de seis laterais principais e um total de 48 galhos laterais secundários, que são os galhos frutíferos (veja os desenhos das pp. 124 e 125).

Na maneira tradicional e convencional, normalmente se produzem galhos frutíferos, chamados também de galhos secundários ou laterais secundárias com uma poda de inverno, reduzindo a 60 cm as laterais principais de onde brotam. Essa poda se efetua cada vez que os galhos chegam a um certo desenvolvimento. É um trabalho de três a quatro anos na formação da árvore. Nakanishi observou que podar nos galhos laterais uma folha em cada seis, primeiro do lado direito e logo do lado esquerdo alternadamente, sobre toda a lateral principal, seria suficiente para favorecer a brotação das gemas laterais, que irão produzir os galhos frutíferos ou laterais secundários.

Em outros termos, quando existe um galho correndo sobre o fio, dependendo de como se desenvolve, mas chegando a ter uns 60 cm, poda-se não o galho, mas a folha, deixando entre uma folha e outra 25 cm. Mais fácil ainda, poda-se uma folha em cada quatro ou seis folhas, uma vez à direita e outra à esquerda. Podando a cada 25 cm, haverá uma distância mais ou menos de 40/45 cm entre cada galho frutífero à direita e à esquerda. Haverá um galho secundário frutífero a cada 25/30 cm, sendo um à direita outro à esquerda.

Essa simples observação, aparentemente banal, é muito inteligente e constitui na realidade uma descoberta genial, quando aplicada ao sistema de formação da planta. A estrutura da árvore pode ser formada entre três e quatro anos, o que significa entrar mais cedo em produção. O maravilhoso é que, com a planta de cherimóia e atemóia, pode-se renovar à vontade, no decorrer dos anos, as laterais secundárias, o que permite facilmente controlar o sistema vegetativo da planta e a produção, exatamente como na cultura de kiwi.

INSTALAÇÃO DA ESTRUTURA

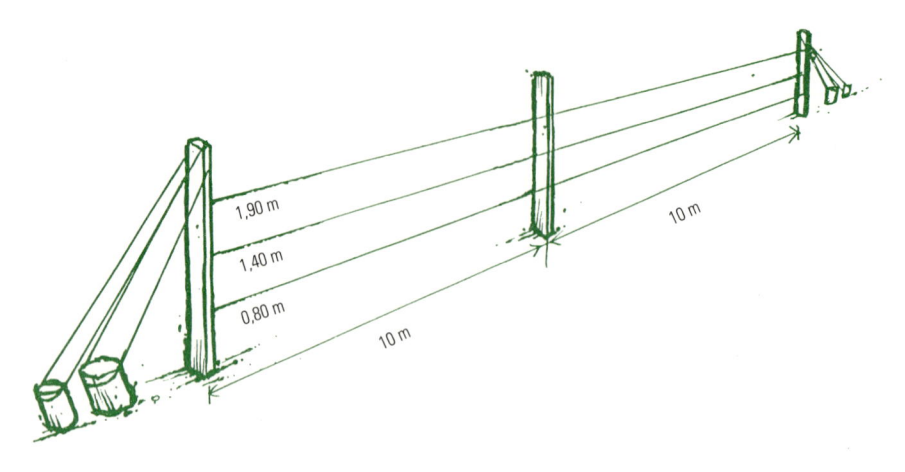

1,90 m
1,40 m
0,80 m
10 m
10 m

1º ano: árvores plantadas a 3 m de distância

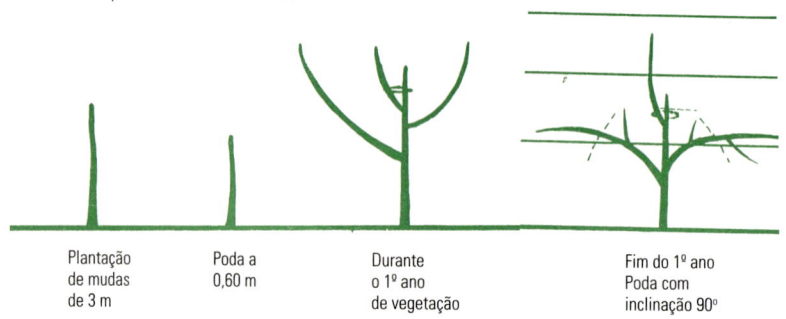

Plantação de mudas de 3 m

Poda a 0,60 m

Durante o 1º ano de vegetação

Fim do 1º ano Poda com inclinação 90º

2º ano:

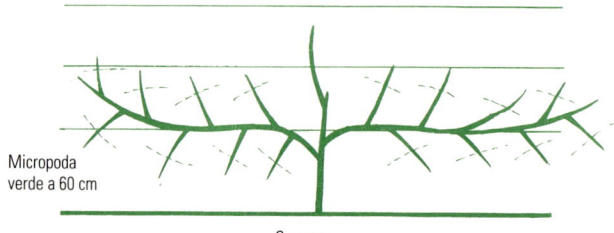

Micropoda verde a 60 cm

Começo da primavera até dezembro

2º ano:

Poda verde
a 60 cm

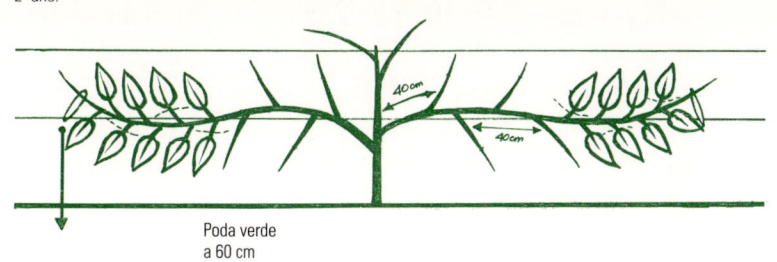

Amarração e poda
de uma folha a cada
cinco ou seis folhas para
favorecer o brotamento
de novos galhos laterais

Se esta poda verde for maior que o necessário,
vai provocar em quatro ou cinco anos, um
enfraquecimento do galho-mestre, ou seja, se o
segundo e terceiro andares receberem menos
poda verde serão menos enfraquecidos no futuro

Fim do 2º ano, 1º andar formado, com 16 galhos frutíferos

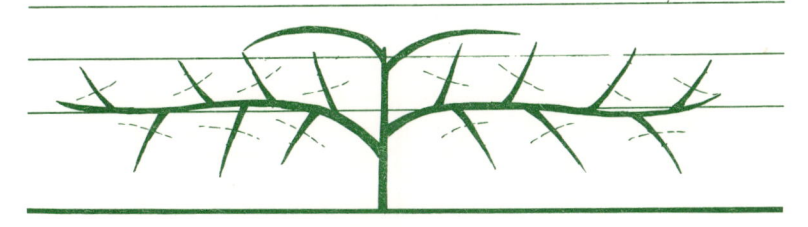

Poda no inverno do 2º ano a 25 cm.
Mantêm-se por galho frutífero dois a três frutos
para reduzir a vitalidade da árvore.
Continua a se formar a estrutura como
no 1º andar

Fim do 3º ano

Formação alcançada com 25% da árvore. Nesta época a árvore já está com boa produção

As observações de Nakanishi foram mais perspicazes ainda. Sabe-se que normalmente as gemas que vão constituir as laterais poderão produzir flores e/ou vegetação. Nakanishi observou primeiro que as flores fertilizadas sobre a lateral principal não se desenvolvem bem e que o fruto não é bom, portanto é melhor eliminá-las. Em segundo lugar, os galhos laterais secundários que se desenvolvem e produzem só vegetação verde podem ser transformados em galhos frutíferos ao se podar com cuidado o botão apical. Assim, sem saber, Nakanishi introduziu um novo tipo de poda, que é a micropoda. Essa tem algumas analogias com a poda de Lorette, arboricultor francês do século passado que praticava poda verde sobre os galhos semilenhosos das pereiras para induzir a formação das gemas florais. A micropoda de Nakanishi é ainda mais delicada, pois se limita apenas aos botões apicais, mas não significa que possa ser aplicada a outras árvores frutíferas, a não ser a atemóia. Ela permite ter o controle absoluto sobre a época em que se quer produzir e sobre a vegetação.

As vantagens do sistema Nakanishi são muito evidentes:

1. Podemos ter o controle absoluto sobre a planta.
2. Todos os trabalhos são feitos na altura do homem, não sendo necessário escadas. É comparável com o sistema similar francês, chamado de *palmette* ou *horizontal palmette*.
3. A planta entra rapidamente em produção depois do segundo ano da plantação.
4. Como as plantas de cherimóia e atemóia são de vegetação vigorosa, esse tipo de condução serve para reduzir a intensidade da vegetação.
5. Uma vez formada a árvore, no máximo no fim do quarto ano, a poda pode ser praticada por mão-de-obra não-especializada.
6. O fruto é de acesso fácil, tornando a colheita fácil e rápida.
7. No quarto ano a produção pode subir a mais ou menos 80/100 frutos por planta. O perigo é haver excesso de carga.
8. A poda verde dos galhos laterais ou frutíferos se efetua sobre a 12ª e 15ª folha depois do último fruto. Esses frutos precisam de sombra suficiente, mas também de iluminação adequada para se tornarem frutas de qualidade, pois dependem de uma boa fotossíntese.
9. A pulverização é fácil em todas as partes da árvore.
10. Há boa resistência aos ventos.
11. O investimento é recuperado rapidamente, embora no início seja mais caro do que os outros.
12. Esse sistema concilia-se melhor com a mecanização, etc.
13. A poda anual permite facilmente a formação de novos galhos frutíferos perto do tronco – favorecendo assim, frutos maiores e de excelente qualidade.

A implantação recente desse sistema pode, porém, nos trazer algumas surpresas desagradáveis. Por exemplo, a tendência a perder, com o tempo, o andar de baixo. Torna-se indispensável controlar os diversos galhos do terceiro andar, onde há uma tendência a predominar a formação apical, que favorece a árvore a se desenvolver na parte superior. Nos últimos cinco ou seis anos se comprovou que esse sistema dá excelentes resultados. Tudo indica que a vegetação da atemóia e da cherimóia corresponde bem a esse modo de condução, mas não está excluída a possibilidade de um surto de juventude e que na idade madura surja uma brotação excessiva e descontrolada. Esse fenômeno de inversão na maturidade, conhecido não só entre as plantas, mas também entre os homens, foi chamado no passado de demônio do meio-dia. O sistema Nakanishi é bastante impositivo, precisando-se vigiar para que o fenômeno da inversão não tome conta da árvore.

Recomendações

A poda verde deve ser feita com o máximo de suavidade para não romper o equilíbrio entre crescimento e produção e o equilíbrio no terceiro andar da árvore. O produtor deve estar bem atento em manter o primeiro andar bem vigoroso e vigiar para que o diâmetro dos galhos permaneça igual. Para isso precisa raciocinar como um encanador pensando que a seiva estará disponível para tal lugar em função de perdas de reserva e do diâmetro do galho (cano) percorrido do solo até o fruto.

Distribuidora de Pregos e Arames

DAP

Pregos Ardox, Anelados, Polidos
Galvanizados e Pneumáticos
Arames Galvanizados
Arames Farpados / Ovalados
Telas Agropecuárias
Mourões de Aço
Grampos para Cerca

QUALIDADE GERDAU

Rua Aroaba, 285 – 05315-020 – Ceasa – SP – Fone/Fax: (11) 260-6066

CAPÍTULO 19
A POLINIZAÇÃO ARTIFICIAL

Se a sua cultura de cherimóia e atemóia chegar a ter uma produção anual entre 16 e 18 t/ha, com 80% de frutos simétricos e de boa qualidade, com um peso acima de 500 g cada, a polinização natural terá sido perfeita e este capítulo sobre a polinização artificial não lhe interessará. Caso contrário, isto é, se só chegar a produzir entre 3 e 8 t/ha, com muitos frutos pequenos ou deformados, mal dispostos nas árvores, é sinal de que a polinização foi ruim e, conseqüentemente, a fecundação foi deficiente: houve pelo menos um problema sexual na sua cultura! Nesse caso, o presente capítulo sobre a polinização artificial pode lhe interessar.

Os galhos do ano e dos anos anteriores da cherimóia e da atemóia florescem abundantemente nos meses de setembro, outubro e novembro, dependendo da poda e das variedades. Essa floração é chamada de *primeira floração*. Mas também os galhos jovens recentemente desenvolvidos, ainda verdes, podem ter uma floração então chamada *de segunda e terceira florações* em fins de dezembro e nos meses de janeiro e fevereiro, dependendo das condições climáticas. Todavia, mesmo depois continuam aparecendo flores esporadicamente. Na primeira floração poucas flores são fecundadas e frutificam. Na segunda e terceira florações, apesar de mais modestas, a polinização é bem melhor por causa das condições climáticas.

Uma feliz combinação entre temperatura (28ºC) e umidade atmosférica (80%), equilíbrio fisiológico da planta e proteção dos ventos, criam a condição ideal para uma boa polinização. Pode-se criar essas condições pela instalação de quebra-vento artificial temporário com sombreamento de 50% e de irrigação por aspersão. Observa-se em setembro/outubro, uma polinização não tão boa quanto em fins de dezembro/janeiro e início de fevereiro.

Em primeiro lugar, para entender bem a importância da qualidade do pólen e da polinização é importante entender bem a fisiologia das flores.

O CICLO DE ABERTURA DA FLOR

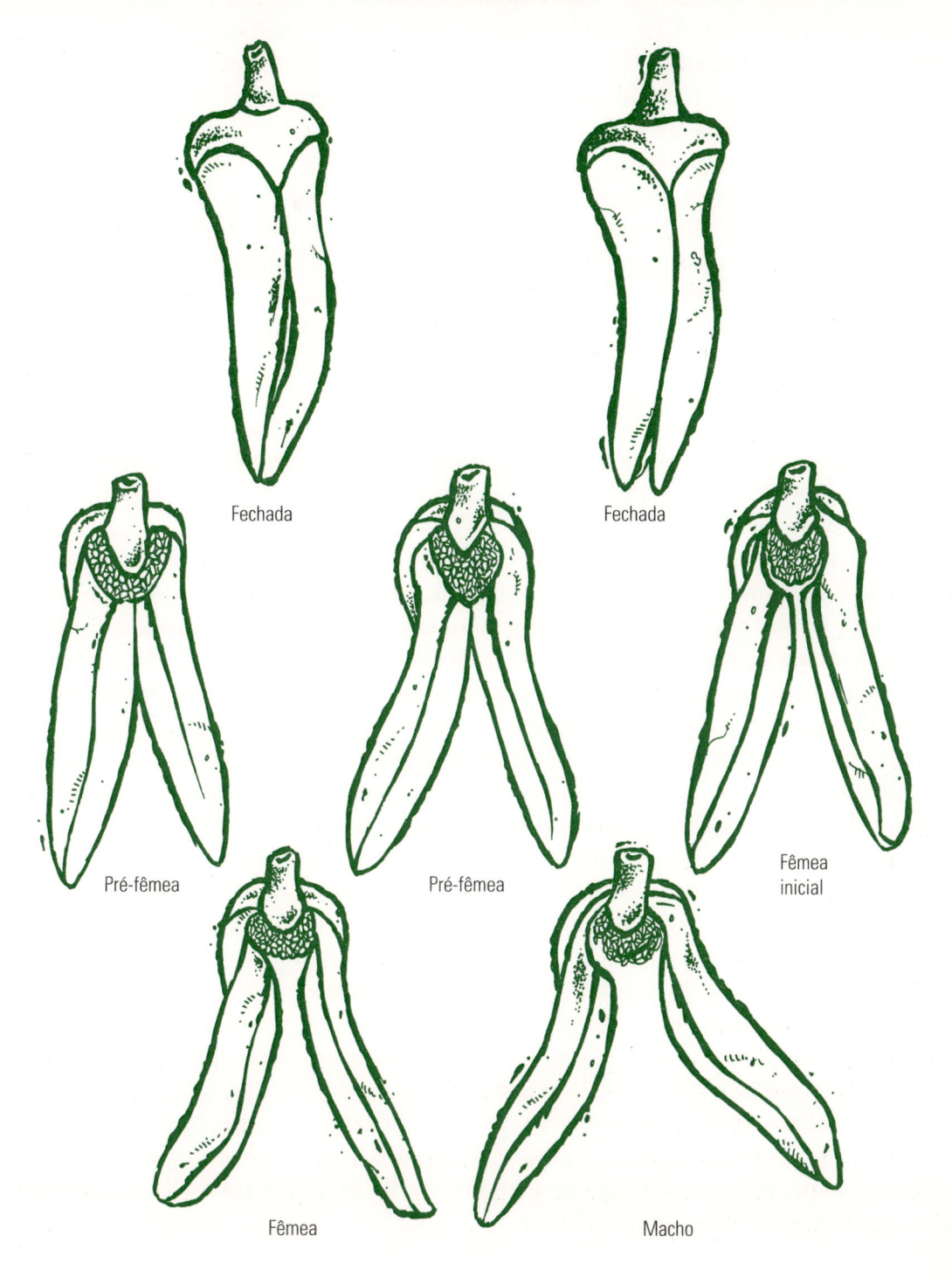

Fechada

Fechada

Pré-fêmea

Pré-fêmea

Fêmea inicial

Fêmea

Macho

A Cultura da Cherimóia e de seu Híbrido, a Atemóia

A flor da cherimóia e da atemóia são hermafroditas, tendo órgãos masculinos (os estames) e femininos (os estiletes). A maior diferença que existe em relação a outras espécies de plantas frutíferas, como a laranjeira, o pessegueiro ou a macieira, é que a cherimóia tem estames e estiletes agrupados numa pirâmide com três facetas (desenhos p. 132). Rodeando esta pirâmide, na sua base, se encontra a massa dos estames (masculinos). Eles são brancos no estado fêmea e creme-claro no estado macho. Quando se separam soltam o pólen e logo ficam de cor marrom. Os estigmas (femininos) se encontram situados na parte superior da pirâmide floral. No estado fêmea, quando a flor é receptiva, estão recobertos por um líquido mucilaginoso, ao qual facilmente aderem os grãos de pólen. Os estiletes se compõem de três partes bem diferenciadas: ovário, estilo e estigma. Os estames abrigam os grãos de pólen. Estes têm que ser depositados sobre o estigma pegajoso e brilhante, de onde germinam. O tubo polínico, num crescimento semelhante ao da raiz, penetra até o ovário, onde fecunda o óvulo. Cada óvulo fecundado dá origem a uma semente.

As flores de cherimóia e de atemóia têm três pétalas grandes, carnosas e de cor pouco chamativa. O número de estames e de estigmas é superior a cem. Embora não se tenha estudos a respeito, é provável que a polinização nas condições naturais do Peru e do Equador se realize por *coleópteros* (besouros), que se alimentam das pétalas e dos grãos de pólen, como ocorre com outras espécies da mesma família. As flores de cherimóia são maiores que as de atemóia, o que permite a chegada mais fácil dos insetos polinizadores.

Logo que nasce a gema floral, a flor permanece fechada até seu desenvolvimento se completar, por aproximadamente 30 dias. Uma vez chegado ao seu tamanho definitivo, começa o ciclo de abertura, que é constante, exceto quando as temperaturas são anormalmente baixas ou altas (desenhos p. 129).

Esse ciclo foi diferenciado em três etapas: pré-fêmea, fêmea e macho.

Pré-fêmea – As pétalas começam a se separar na parte das extremidades, mas não na base. Essa fase dura de seis a 15 horas, terminando perto do meio-dia.

Fêmea – As pétalas se separam na sua base, permitindo a entrada de pequenos insetos polinizadores para a pirâmide estigmática. Na maioria dos casos, essa abertura começa perto das 13 horas e dura mais ou menos 26 horas. Exceto nas duas ou três últimas horas do estado fêmea, a flor é receptiva ao pólen, desde que o receba para ser fecundada. A flor no fim do estado fêmea (as últimas duas ou três horas) perde a receptividade e se torna estéril. Somente duas ou três horas depois é que começa o estado macho.

Macho – As pétalas se separam entre 20 e 30 minutos, separando os estames. A passagem para o estado macho se realiza praticamente sempre à tarde, das 16 às 18 horas, quando as pétalas caem. Esse estado também poderia se dividir em três subestados.

Resumindo: uma flor está em estado *pré-fêmea* até o meio-dia do primeiro dia de abertura. Permanece fêmea por aproximadamente 26 horas, até as 16 ou 18 horas do dia seguinte, quando passa ao *estado macho*, soltando o pólen.

De imediato percebe-se onde está o problema com a polinização e a fecundação: está no fato de que *antes de começar a maturação da parte masculina já terminou o ciclo da maturação feminina*. Ao ser solto o pólen pela parte masculina, a parte feminina já se encontra em estado estéril. Esse fenômeno da fisiologia da flor chama-se protoginia. Mesmo que a flor no estado feminino permaneça fértil e fecundável por mais de 24 horas, na mesma flor ainda não apareceu o pólen masculino fértil. Esse ciclo de pré-fêmea, fêmea e macho dura mais ou menos 50 horas e acontece com todas as flores de atemóia e cherimóia, quando elas chegam ao seu estado de completo crescimento, tanto permanecendo na árvore como separada dela.

Tira-se a conclusão prática que, para que uma flor seja fecundada, é preciso a intervenção dos insetos polinizadores ou da mão humana. A polinização artificial é a solução mais radical para corrigir ou completar o que a natureza deixou incompleto.

Observa-se, em condições climáticas ideais, em fins do mês de dezembro ou em janeiro e fevereiro, em lugares protegidos do vento, especialmente com algumas variedades (African Pride, para a atemóia, e Fino de Jete, para a cherimóia), que durante um curto período, acontece uma feliz coincidência entre o estado fêmea e o macho em uma mesma flor, o que permite que se realize a autopolinização, mas isso apenas por poucas horas. De qualquer modo, essas condições ideais de polinização são muito raras.

A técnica da polinização artificial

A polinização artificial foi desenvolvida por Wester (1910) e foi posta em prática com a cherimóia por Schroeder (1941). Anthony Brown, um fruticultor da Califórnia, adotou na década de 70 o uso de uma pêra de borracha que, no Japão, era utilizada para a polinização de outras espécies frutíferas, como a maçã (fotos 39, 40 e 41 - p. 85). Hoje é a técnica mais usada mundialmente.

Recolhimento do pólen

Recolhem-se as flores no estado fêmea num recipiente, entre as 13 e 15 horas. A camada de flores não pode ultrapassar 5 cm de espessura nesse recipiente para evitar excesso de calor. É importante que se proporcione uma boa ventilação e que no ar haja uma umidade alta de 80%. Essas flores são transportadas para um local onde a temperatura ambiente deve ser de 22ºC a 25ºC e com boa ventilação. Algumas horas depois, entre 16 e 18 horas, as flores entram no estado macho e liberam o pólen. Esse pólen, chamado macho, é recolhido e conservado na geladeira, na gaveta inferior, numa temperatura entre 3ºC a 7ºC e será usado nas primeiras horas do dia seguinte, até as 13 horas no máximo, para polinizar as flores. Pode também ser usado no próprio dia da colheita do pólen.

Durante a colheita, das 13 às 15 horas, recolhem-se também flores no seu começo de estado fêmea, sendo esse pólen de qualidade muito superior. Duas ou três horas depois de terem sido recolhidas, retiram-se suas pétalas para facilitar a secagem, processo que ainda dura umas duas horas. Com uma ligeira pressão dos dedos na parte superior, ajuda-se a separar o pólen dos estames. Isso deve ser feito numa superfície limpa, lisa, de fórmica preta por exemplo, longe de qualquer vento. Esse pólen, chamado de fêmea, pode ser conservado à temperatura ambiente, caso seja usado já no dia seguinte. Se for usado só 36 horas ou dois dias depois, deve ser conservado em geladeira, na gaveta inferior, à temperatura de 3ºC a 7ºC.

O pólen fêmea, colhido nas primeiras horas de seu estado fêmea, tem um poder germinativo nitidamente superior ao pólen macho.

A mais recente prática consiste em que, logo cedo, pela manhã, entre sete e nove horas, recolhem-se as flores em estado fêmea inicial e, através de um processo de ventilação adequado, a secagem se realize num espaço de três a quatro horas*.

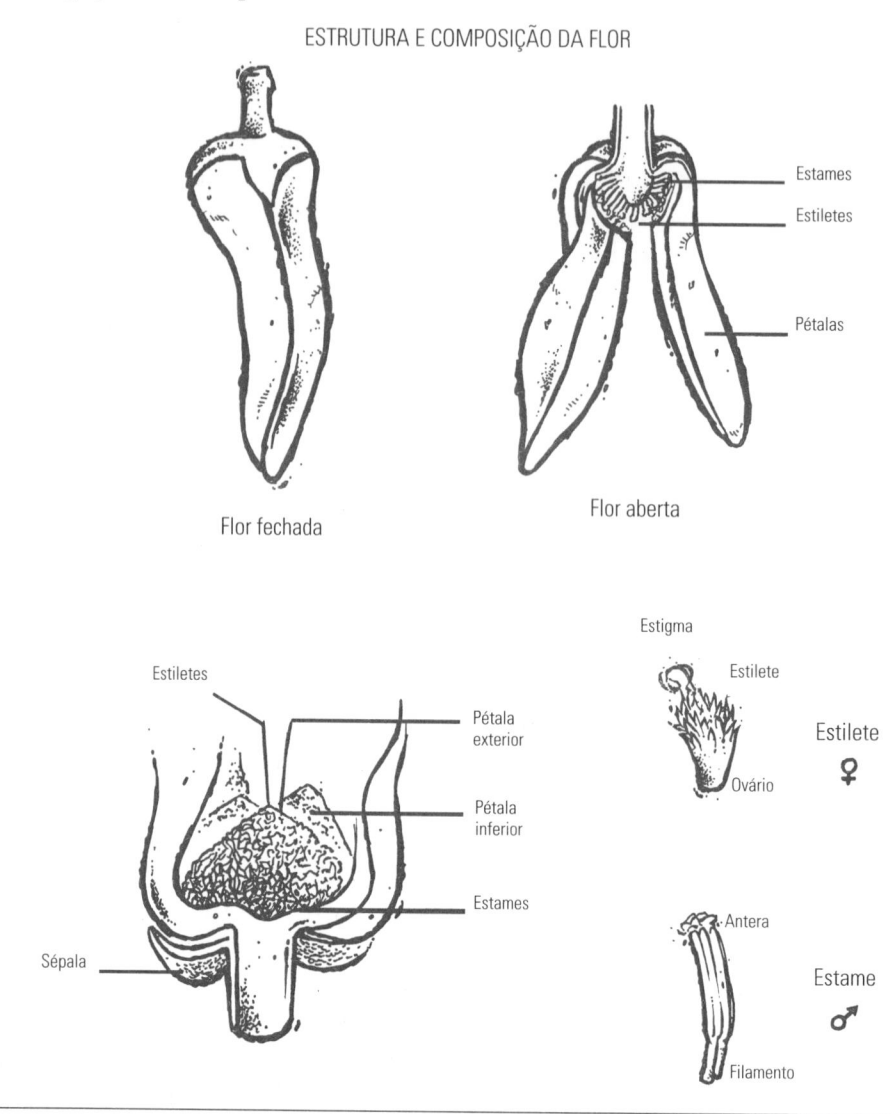

ESTRUTURA E COMPOSIÇÃO DA FLOR

Flor fechada

Flor aberta
- Estames
- Estiletes
- Pétalas

- Estiletes
- Pétala exterior
- Pétala inferior
- Estames
- Sépala

Estilete ♀
- Estigma
- Estilete
- Ovário

Estame ♂
- Antera
- Filamento

---

* nota pessoal de José Maria Hermoso González.

Aplicação do pólen

A hora da polinização começa cedo, pela manhã até meio-dia, ou depois das 17 horas. Não se deve polinizar com altas temperaturas.

Transporta-se o pólen para o campo, numa caixa de isopor com gelo, a fim de manter a temperatura da geladeira (entre 3ºC e 7ºC). Ele é colocado em pequenas garrafinhas de farmácia para facilitar a operação de recarregar o polinizador. Não se pode esquecer que exposto ao sol o pólen perde rapidamente seu poder germinativo.

Chegando em frente à primeira árvore a ser polinizada, carrega-se o polinizador, com pólen misturado com os estames, com um terço (1/3) de sua capacidade e procuram-se as primeiras flores a serem polinizadas. A técnica é fácil: introduz-se o pequeno tubinho do polinizador dentro das flores em estado de pré-fêmea ou fêmea, e só nessa condição evidentemente, tomando o cuidado de não machucá-las (fotos 39 e 40 - p. 85). Depois, é só apertar a perinha de borracha para injetar o pólen sobre os estiletes. Antes de cada polinização de uma flor, é preciso agitar o polinizador com uma simples sacudida com o braço.

Recomendações práticas

- Polinize as flores de fácil acesso, pois o seu trabalho na hora da colheita será simplificado.
- Deve ser usado o pólen da mesma variedade de plantas, não se recomendando a polinização cruzada.
- Polinize só três a cinco flores por galho de 60 cm e somente uma flor quando o galho tiver apenas 15 cm.
- Melhor polinizar os galhos ligeiramente inclinados e não os que crescem verticalmente.
- Habitualmente, a operação de polinizar se faz em quatro etapas na mesma parcela de plantas a cada quinze dias ou também em duas etapas em outubro e duas em janeiro e fevereiro. Com um pouco de inteligência e de programação, você conseguirá assim organizar o tempo de sua colheita.
- Normalmente divida a cultura em quatro partes para organizar o rodízio, tanto para o recolhimento do pólen quanto para a polinização. Essas duas operações, como já falamos, não podem ser feitas no mesmo dia e na mesma parcela.
- Com o pólen macho, a proporção de quantidade de pólen macho usado é de uma flor para cada flor polinizada, enquanto o pólen fêmea serve para três flores.
- Normalmente calculam-se de 200 a 250 horas de trabalho por hectare com o rendimento de mais ou menos 150 flores polinizadas por hora. Em um dia de cinco horas de trabalho, uma pessoa poliniza 750 flores e recolhe 500 flores para extrair o pólen. Se a operação for bem realizada, o trabalho de uma pessoa por dia garante uma produção de 500 kg de frutos de boa qualidade. Sem dúvida, essa operação de coleta do pólen e polinização é onerosa porém rentável.

- Não use herbicidas nem inseticidas durante toda a operação de polinização, pois eles iriam matar os pequenos polinizadores naturais.
- Umidade atmosférica de 80% favorece a germinação do pólen. A irrigação por aspersão convencional aumenta a umidade do ar durante o tempo de funcionamento.
- Os quebra-ventos são muito úteis durante o período da polinização porque os ventos são prejudiciais.

Seu programa durante o tempo de polinização será o seguinte:

– A partir do momento que o dia começa a clarear até as 11 horas, polinizar de preferência com o pólen fêmea (não tendo o fêmea, usar o pólen macho).

– Das 13 às 15 horas, recolhimento das flores.

– Das 17 às 20 horas, extração do pólen das flores recolhidas.

– Das 19 às 20 horas, polinização com o pólen macho recolhido no mesmo dia.

A técnica de polinização artificial aqui apresentada é de uso fácil. Com um pouco de experiência ela pode ser praticada por qualquer pessoa.

O produtor nas primeiras experiências de fecundação por polinização artificial deve calcular um resultado não superior a 50%, porém com mais experiência e prática chegará a 80%.

Por entusiasmo e precipitação polinizamos as primeiras vezes logo depois que recolhemos o polén, entre as 17 e 19 horas, mas sem resultado positivo porque na realidade seria necessário deixar o polén se soltar dos estames durante uma noite antes de começar a polinização. Com o pólen fêmea recolhido entre 13 e 15 horas e a aplicação no dia seguinte entre 7 e 11 horas, o resultado foi excelente. Como se sabe, pode-se misturar o pólen com talco ou Lycopodium nas proporções de um terço de talco e dois terços de pólen.

Foram realizados outros tipos de pesquisa para melhorar a polinização e a fecundação, uns à procura de variedades novas autoférteis (até hoje não foi apresentado nenhum resultado significativo), outros na linha química usando hormônios, mas também sem resultados.

A indicação mais promissora tem sido a de introduzir insetos polinizadores no momento da floração.

Os resultados das pesquisas são extremamente atraentes, porém ainda é muito cedo para sua aplicação no campo. O que se sabe é que existem dois insetos, que se chamam *Orius laevigatus* e *Carpophylus sp*, sendo este último um coleóptero e polinizador natural das flores de atemóia e cherimóia, que se encontra facilmente sobre frutos em decomposição e o primeiro, sobre as flores do milho. Mas as pesquisas e técnicas deverão ainda ser desenvolvidas. Devemos lembrar no entanto que sempre iremos ter somente de duas a três horas por dia para que as flores sejam suscetíveis de serem fecundadas por esses insetos, entre 16 e 18 horas.

Apesar de certos produtores afirmarem que as abelhas podem ser polinizadoras, a meu ver não podem ser consideradas como tais.

Experiências positivas foram feitas recolhendo-se o pólen da *Annona senegalensis*. As flores desta espécie têm um pólen abundante e uma capacidade excelente de fecundar as flores de cherimóia.

Numa cultura comercial, a técnica de polinização não se improvisa. O sucesso da polinização artificial depende de uma prática adequada. Assim, torna-se necessário que o trabalho seja bem planejado e organizado no tempo certo, com a assistência de um monitor que coordene a polinização, bem como de um treinador para ensinar no próprio terreno a prática que efetiva o trabalho.

As mais recentes pesquisas sobre a fisiologia da flor introduzem modificações importantes na prática da polinização artificial. A polinização tem que ser testada primeiramente no campo para sabermos sua viabilidade e prática nos pomares comerciais.

Hort Frut Tartaruga

ATEMÓIA

SELECIONADA

Av. Dr. Gastão Vidigal, 1946 – Pav. MFE/B - Mód. 646 a 648 Ceagesp – Vila Leopoldina – SP
Tel.: (11) 833-9136 – Fax: (11) 3641-4231

CAPÍTULO 20
RALEAMENTO

Consiste em eliminar todos os frutos malformados e maldispostos nos galhos, os que o produtor considera em excesso ou impróprios.

A importância que se dará ao raleamento dos frutos dependerá de sua estratégia de produção e dos objetivos a serem alcançados. É difícil obter ao mesmo tempo quantidade e qualidade. Assim, se a produção está exclusivamente orientada para a indústria de polpa, não é preciso ralear, a não ser eventualmente reduzindo a carga de produção para evitar o fenômeno de alternância.

Quando o pomar está orientado para as frutas de mesa, em princípio são eliminados todos os frutos malformados, ou o que estão em excesso sobre um galho frutífero ou sobre a totalidade da árvore. Antes de começar essa operação, deve-se determinar o número de frutos desejados por árvore.

O raleamento deve ser feito a partir do momento em que o fruto alcança a grossura de uma noz. O tempo para raliar é considerável e oneroso, mas ele é compensador tanto pela qualidade do fruto alcançado como pela simplificação da colheita.

Essa operação pode ser em grande parte dispensada, quando se trabalha com uma polinização artificial, na qual existe mais controle sobre a produção e a frutificação.

(48) Frutos em diversos estados de desenvolvimento. O primeiro fruto à direita refere-se à primeira floração de setembro, o do meio, de dezembro e o da esquerda, à última floração no início de fevereiro.

ÁRVORE DE ATEMÓIA

(49) Formação certa dos ângulos de inclinação e da distância entre os galhos-mestre se desenvolvendo.

(50) Plantas enxertadas no *Araticum sp* - oito meses depois da plantação.

(51) Plantas enxertadas no *Araticum sp* - dezesseis meses depois da plantação.

(52) Plantas enxertadas em um *Araticum sp* de três anos.

ÁRVORE DE CHERIMÓIA

(53) Planta não-enxertada de três anos com excesso de peso por causa da carga dos frutos.

(54) Planta não-enxertada de três anos.

(55) Árvore formada.

SISTEMA NAKANISHI

(56) Galho curvado e amarrado no fio.

(57-58) Vista de diversos ângulos de plantas em formação esperando o fim do inverno para serem podadas.

(59) Micropoda - Folha.

(60) Folha.

(56 a 60) Plantas enxertadas em *Araticum sp.*

(61) Vista de uma cultura intensiva no começo do segundo ano de plantação.

(62 a 64) Plantas de cherimóia e atemóia – desenvolvimento dos galhos laterais; a formação continua. Em dois terços da plantação os galhos frutíferos do primeiro andar já estão formados depois de 22 meses de plantação.

142 Léon Bonaventure

(65, 66 e 67) Árvores de atemóia de cinco anos, totalmente formadas.

Observa-se o equilíbrio da árvore: a estrutura está harmoniosa e os galhos frutíferos bem distribuídos; o comprimento moderado dos ramos frutíferos e o vigor da vegetação nos quatro andares, não sendo excessiva no último andar; sombreamento natural interno necessário para que os frutos cresçam, com excelente luminosidade e aeração.

PARTE IV

Produção, colheita, conservação e comercialização

Perspectivas e problemas

O pomar familiar

CAPÍTULO 21
PRODUÇÃO, COLHEITA, CONSERVAÇÃO E COMERCIALIZAÇÃO

Produção

Numa cultura tradicional, sem uso de polinização artificial, confiando-se unicamente na polinização natural feita por insetos, a produção deve variar entre 2 e 8 t/ha, dificilmente ultrapassando esses valores em termos de produção de frutos de qualidade.

Com a polinização artificial e a irrigação em culturas intensivas e semi-intensivas bem administradas e bem-sucedidas, tanto a produção da cherimóia como a da atemóia serão um pouco menor do que nas outras culturas frutíferas, entre 14 e 18 t/ha no quinto ano ou no sexto ano da plantação, o que é considerado um resultado normal com 80% de frutos de qualidade, isso se houver flores que puderem ser fecundadas artificialmente em cultura intensiva com produção superior.

Nos primeiros anos de plantação, muitas vezes não há pólen suficiente que possa ser recolhido para a polinização artificial.

Eu vi um pomar com plantação conduzida no sistema Nakanishi e cada planta carregava mais de 150 frutos de qualidade, uma bela produção. A tendência seria multiplicar esse número pelo número de árvores por hectare. E pensar em chegar a uma superprodução, possível apenas em uma máquina de calcular!

Colheita

A época da colheita depende de diversos fatores: um deles é a época da polinização e fecundação das flores e outro as variedades escolhidas, as horas de calor que se acumulam durante a formação do fruto. Assim, o tempo pode variar entre quatro e nove (e até dez) meses, dependendo da época do ano. No inverno, por exemplo, o fruto chega mais tarde à maturidade. Sabe-se que os picos excessivos de calor provocam a maturação prematura dos frutos, especialmente entre fevereiro e abril, época ainda de forte calor aqui, no Brasil.

Numa cultura bem conduzida, é possível programar o tempo da colheita por um longo período: nove meses para a cherimóia, dependendo da variedade, do manejo cultural, da poda e das polinizações artificiais. Em janeiro, os primeiros frutos de cherimóia chegam à maturação, podendo continuar a maturar até fim de outubro. No começo de novembro alguns frutos ainda são encontrados nas árvores. O tempo de colheita da atemóia é mais curto, apesar de durar entre cinco e seis meses no ano, desde final de fevereiro até agosto/setembro.

Um dos fatores determinantes da colheita é a época da polinização. Como a floração se estende por um período de mais de quatro meses, é fácil determinar parcialmente a época da colheita, com a polinização artificial, as técnicas de poda e a indução floral. Na época do inverno, o fruto chega mais tarde à maturação: na prática, normalmente o produtor colhe uma ou duas vezes por semana, mas em tempo de forte calor uma vez a cada dois dias e durante o inverno uma vez a cada dez dias.

Com um pouco de prática, é fácil reconhecer o fruto maduro em condição de ser colhido. O ponto ideal para colher é o início da maturação, chamada *maturação de colheita*, em que a cor começa a passar do verde-escuro para o verde ligeiramente amarelado; porém cada variedade tem a sua coloração específica. Dois detalhes mostram a maturação avançada: abrindo o fruto as sementes se soltam da polpa e ele libera um perfume forte. Esses frutos de maturação avançada, que corresponde à *maturação gustativa*, não suportam o transporte para chegar no estado ideal ao comércio.

Para colher o fruto deve-se cortar o pedúnculo com uma tesoura. Por princípio, não se arranca o fruto porque provoca uma ferida, acelerando o processo de maturação e favorecendo também a entrada de doenças. Preservando o pedúnculo, pode-se colocar no mercado um fruto de conservação melhor.

O fruto, apesar de ser firme, é extremamente delicado. Qualquer pequeno choque deixa, dois ou três dias depois, marcas pretas de ferida na pele, justo no momento em que vai estar a caminho da banca de frutas para ser vendido. Deve-se, portanto, ter o maior cuidado, mas sem obsessão.

No momento de colher os frutos eles são colocados em baldes e levados aos engradados espalhados na cultura. Em seguida, esses serão recolhidos por uma carreta puxada pelo trator que circula pelas linhas e transportados ao armazém, onde serão embalados.

Comparada aos outros frutos, a colheita da cherimóia e da atemóia é uma operação rápida e agradável. Com um pouco de prática e o movimento certo da mão e do dedo, pode-se operar rapidamente a colheita (até sem o uso da tesoura). Os frutos são selecionados segundo os parâmetros básicos de qualidade.

O fruto ideal pesa aproximadamente 500 g, é perfeitamente formado, simétrico e isento de qualquer mancha ou ferida, de consistência firme e ligeiramente perfumado, com as qualidades organolépticas próprias da cherimóia e da atemóia. Os frutos de primeira qualidade merecem uma embalagem especial de proteção, uma malha de polietileno expandido, já comercializada no Brasil. Cada fruto terá sua proteção e será diretamente colocado em caixas de papelão ou madeira adequadas, com oito ou doze unidades (quatro por caixa no caso de frutos campeões) e assim o produto pode chegar ao consumidor em estado perfeito. Os frutos de segunda qualidade são embalados em caixas de cinco quilos a granel e vendidos por quilo.

Logo que o fruto é colhido, o processo de maturação tem seu início, em ritmo acelerado, provocado pela liberação interna do gás etileno. A maturação se acentua ainda mais no tempo de calor e quando a liberação de gás etileno no meio ambiente é acentuada. Não se pode armazenar a cherimóia ou atemóia junto com bananas e maçãs, por exemplo, porque esses frutos liberam muito gás etileno. O ideal é que o fruto seja colhido pela manhã, quando ainda não esquentou, logo empacotado e climatizado para ser transportado na mesma noite para ser colocado à venda no dia seguinte.

Conservação

Podemos dizer que a melhor maneira de conservar o fruto é deixá-lo na árvore. Com a polinização artificial e um pouco de técnica de controle, pode-se praticamente determinar a época da colheita e assim programar a comercialização de maneira regular por um longo período, sem que o fruto passe pela câmara frigorífica, apenas para uma eventual climatização, entre 12 e 24 horas.

Uma técnica para prolongar o tempo de conservação consiste em reduzir a liberação do gás etileno, do qual depende o processo de maturação. Hoje já se encontram no mercado folhas de papel impregnadas de um produto que absorve o gás etileno. Elas são colocadas no fundo da caixa de embalagem junto com os frutos.

As técnicas de frio, especialmente o uso da câmara frigorífica, e de um equipamento que catalise o gás etileno, permitem conservar os frutos de cherimóia numa temperatura entre 8ºC e 12ºC durante oito a trinta dias, dependendo das variedades. Pessoalmente não possuo informações sobre a conservação da atemóia, mas qualquer que seja o fruto a conservação no frio não é uma coisa que se improvise de uma hora para outra. Sempre será necessário fazer um teste antes. O importante não é só a boa conservação, mas o comportamento dele depois da saída da câmara frigorífica.

Marketing

"Durante dez anos", disse o agrônomo Nakanishi, "o fruto de qualidade deve ficar estabilizado no seu preço atual", ou seja, entre R$ 12,00 e R$ 25,00 para uma caixa com 4,5 kg com os frutos de atemóia tipo extra, contendo entre oito e doze frutos. Para a cherimóia tipo campeã, uma caixa com quatro frutos alcança o preço de R$ 35,00, e as caixas com oito frutos, um preço um pouco melhor que a atemóia (preço de maio/1998). É evidente que o preço atual da cherimóia é supervalorizado.

O preço da cherimóia e da atemóia deve com o tempo se igualar, havendo uma certa preferência para a cherimóia pelo fato de ela apresentar melhor condição de transporte e conservação, causando menos riscos à comercialização.

A variação de preço no mercado depende da lei da oferta e demanda, mas também da presença no mercado ou não da nossa pinha tradicional e de outras anonáceas.

A pinha brasileira e as cherimóias importadas regulam o preço da produção nacional da cherimóia e da atemóia.

Com a pinha, fruto nacional por excelência, já foi feito um marketing natural que favorece o consumo da cherimóia e da atemóia. Por isso e também pelas próprias qualidades, a cherimóia e a atemóia irão ocupar lugar na mesa brasileira. Porém, os produtores terão que ter consciência do que fazem, não colocando no mercado frutos ainda não maduros porque, colhidos cedo demais, os produtores vão estar trabalhando contra eles mesmos, e contra a imagem do fruto. Infelizmente, atraídos pelos excelentes preços, produtores sem escrúpulos, fechados em seu individualismo, colhem e comercializam os frutos com alguns meses de antecedência do ponto de maturação e, evidentemente, o consumidor não compra duas vezes esse tipo de fruto.

Durante toda a próxima década o produtor não precisará pensar em exportação, pois o mercado interno irá absorver facilmente toda a produção nacional do fruto de qualidade.

O pomar brasileiro de cherimóia e atemóia deve ser implantado. Com essa finalidade os produtores deveriam se organizar em associações, não só para a produção, mas também para o marketing, a comercialização e a distribuição porque uma coisa é produzir, outra é comercializar. São duas atividades radicalmente diferentes. Desde as falências de muitas cooperativas comercializadoras de frutos, o produtor brasileiro, desemparado e despreparado, encontra-se numa situação extremamente difícil, vulnerável, delicada.

Para comercializar o fruto o produtor é pequeno demais para montar um sistema de distribuição que permita entrar nas grandes redes de comércio, precisando habitualmente passar por um intermediário. Sem dúvida, nos novos modelos de comercialização, distribuição e marketing adaptados às exigências do mercado de hoje, deveria ser criado um serviço para o pequeno produtor.

Por que as cherimóias chilenas, como todos os outros frutos, estão em todos os supermercados das grandes cidades, inclusive nas quitandas do interior de todo o país? Graças ao sistema moderno de comercialização que os países exportadores implantaram no Brasil, antes mesmo de exportar os frutos. Hoje, na Ceagesp, criada inicialmente para comercializar a produção dos produtores brasileiros, os lugares nobres estão ocupados por importadores de frutos estrangeiros.

Indústria de Papel e Papelão São Roberto S. A.

Tradicional fabricante de bobinas,
chapas e caixas de papel ondulado em geral,
especialidade: caixas para frutas
caqui, atemóia, lichia, uva, manga, etc.

SÃO ROBERTO HÁ MAIS DE MEIO SÉCULO AO SEU LADO.

Rua Alcântara, 328 – 02110-900 – Vila Maria – SP
Telefax.: (11) 215-0258 c/ Alvaro – E-mail: Bilbao@.sti.com.br

CAPÍTULO 22
PERSPECTIVAS E PROBLEMAS

Os frutos são muito bem aceitos pelo consumidor brasileiro e não poderia ser diferente. A cherimóia e a atemóia são consideradas os melhores frutos tropicais. Quem gosta da pinha gosta da cherimóia e da atemóia. Não é por acaso que na Austrália chamam-se pelo nome genérico de *custard apple* todos os frutos da família das anonáceas.

O marketing desses novos frutos já foi parcialmente concluído pelo fato de o consumidor brasileiro gostar de outras anonáceas, como a fruta-do-conde ou a pinha.

A cherimóia e a atemóia são frutos exóticos por excelência, como o próprio país, o Brasil. Pelas suas qualidades próprias, tudo indica que facilmente conquistarão seu lugar nas fruteiras da mesa brasileira.

Para o consumo nacional e também para a exportação, o pomar brasileiro da cherimóia e atemóia ainda terá que ser implantado. Deveria cobrir proporções de terras iguais ou superiores aos pomares da pinha já existentes no país. Se hoje as plantações são de caráter pioneiro, já não são mais de aventureiros. A cherimóia e a atemóia têm ainda de ser introduzidas no sul do país, nos estados de Santa Catarina e do Rio Grande do Sul, porque tudo indica que são nesses estados que se localizam as regiões mais indicadas para a sua cultura. O que me parece já definido é que abaixo do Trópico de Capricórnio é onde se situam as áreas preferenciais de produção. Muitos estudos e pesquisas ainda têm que ser realizados. A criação de uma associação de produtores corresponde a uma necessidade vital para que se desenvolva melhor tanto a cultura como a comercialização.

Considerando o crescimento populacional e as perspectivas otimistas do aumento de poder aquisitivo da população brasileira, tudo indica que o mercado está aberto para esse novo velho fruto.

Já existem plantações comerciais de atemóia e de cherimóia recentes e com boa produção. Podemos considerar que as dificuldades principais foram dominadas, mas os riscos evidentemente existem em se tratando de uma novidade. No entanto, nas condições climáticas adequadas, é uma cultura relativamente fácil de conduzir e que entra rapidamente em produção. Infelizmente, nos dias de hoje há por parte de certos produtores um forte empirismo e um pouco de precipitação. Por enquanto, os problemas ocorridos são facilmente compensados com o excelente preço do fruto alcançado no mercado.

O Chile é hoje um dos grandes produtores e exportadores mundiais da cherimóia, mas a maturação do fruto de lá começa mais tarde do que a cherimóia brasileira. Graças ao nosso clima e a outros fatores, aqui sua qualidade é excepcionalmente boa, o que deveria ser mais enaltecido.

A delicadeza da cherimóia suporta mal as exportações maciças. Daí a necessidade de ser transportada por avião, o que a encarece muito. Portanto, para esses novos frutos a ameaça das importações não é tão grande como para os demais frutos, como o kiwi, a maçã e outros, mas existe.

Temos aqui no Brasil todas as condições para produzir frutos de primeira qualidade, igual ou superior aos frutos importados. Temos um excelente porta-enxerto tanto para a atemóia como para a cherimóia. Temos as melhores variedades já aclimatadas ou em via de sê-lo.

A terra brasileira é muito generosa. O Brasil tem gente muito boa e com intenções de permanecer no campo; existem agrônomos competentes e dedicados, terra boa à vontade, todos os microclimas que permitem cultivar todos os frutos que Deus deu para o homem. Então o que falta? "Importar para quê?", foi o título de um artigo que publiquei há dez anos na *Gazeta Mercantil*, no qual defendi a tese de que, antes de importar, o Brasil deveria formar o seu próprio pomar.

A iniciativa privada está trabalhando muito para implantar o pomar brasileiro, mas esse trabalho mereceria ser apoiado por uma política agrícola claramente formulada e estável, com um objetivo determinado. Porém o que se constatou nesses últimos anos foi o oposto.

A política agrícola exterior favoreceu as importações maciças de diversos tipos de fruto: cereja, morango, framboesa, maçã, pêra, ameixa, nectarina, kiwi, cherimóia, feijoa, phisalys, granadilla, tamarillo, babaco, pêssego, maracujá, pitaia, e a lista ainda não está completa! E, para encerrar, não podemos esquecer a laranja vinda do Uruguai!

Só precisamos entrar num supermercado ou em qualquer quitanda do país, tanto nas capitais como no interior, para encontrarmos uma quantidade impressionante de frutos importados. É de se perguntar: mas a que preço? Essas importações maciças e selvagens fizeram com que muitos pequenos e médios produtores abandonassem suas terras. A Europa levou trinta anos para se adaptar à arboricultura moderna, mas aqui no Brasil, sem que houvesse nenhum preparo, nenhum aviso prévio, a realidade no campo teve que mudar de um dia para outro, causando a precipitação da imigração rural. Muitos problemas sociais foram gerados, causando uma das ondas mais importantes de desemprego no Brasil.

Não foram só os pequenos e médios produtores que sofreram com essas importações, mas também os grandes. Numa entrevista publicada no Suplemento Agrícola de *O Estado de São Paulo* de 24/06/98, Carla Salomão, presidente da Agrícola Freiburgo, não hesitou em dizer: "Os produtores brasileiros vêm sofrendo uma espécie de *dumping*. O Brasil precisa de atitudes enérgicas, pois nenhum país desenvolvido se deixa levar pela prática de *dumping* de produtos agrícolas estrangeiros".

Quando se sabe que a hortifruticultura emprega muita mão-de-obra não-especializada, é difícil entender a opção pela política agrícola externa, porque necessariamente ela está gerando problemas sociais de muitas ordens. Não adianta fechar as fronteiras, pois existe uma livre concorrência muito sadia. O que os produtores brasileiros precisam receber do governo é a mesma assistência que os produtores dos países exportadores recebem dos seus respectivos governos.

A meu ver, a reforma agrária não é uma questão de ser dono ou não de um pedaço de terra maior ou menor, *mas a única e verdadeira reforma agrária durável passa necessariamente pela educação. Levar a educação ao campo deveria ser o lema de uma reforma agrária.*

O homem do campo precisa de assistência integral e permanente, pois sem isso não haverá mudanças significativas. É evidente que o governo tem papel fundamental. Uma reforma dessa amplitude não se faz sozinho. Bastaria o governo criar condições favoráveis para o desenvolvimento e a produção, mas sem interferências. A história deste século prova cada vez mais que quando um governo se ocupa com a produção, o resultado se revela extremamente negativo. O motivo é evidente, pois não é função do governo produzir, mas sim educar e criar condições para produzir e comercializar.

A reforma agrária significa não só que os agrônomos do Estado devem ir e ficar no campo, mas também que devem ser cúmplices do trabalhador rural para lhe dar assistência e com ele assumir responsabilidades. Por outro lado, esses agrônomos precisam também ter condições de trabalho adequadas para exercer suas funções junto aos pequenos e médios produtores. Precisam tanto de apoio dos centros de pesquisa como de informação e de uma política claramente estipulada e estável.

Na época do pós-guerra, quando me formei na Escola de Horticultura na Bélgica, o renascer da agricultura deu-se através de uma profunda transformação da própria agricultura, mas também do homem do campo. Havia em minha cidade, como em qualquer outra cidade ligada à agricultura, alguns homens que evocavam o maior respeito e que eram revestidos de autoridade e um deles era agrônomo do Estado. Era revestido de autoridade não pelo uniforme que vestia, até porque não tinha uniforme, mas pela dedicação e pelo conhecimento, pela necessidade imperativa de educar, sua disponibilidade, seu sentido de responsabilidade em relação ao agricultor, enfim, pelo seu profissionalismo. A maior qualidade dele era sua cumplicidade com o homem do campo. Por meio dessas armas nobres e belas é que renasceu a agricultura do pós-guerra. Esses agrônomos exercem a profissão como um sacerdócio. Acredito que só com esse tipo de agrônomo se fará uma reforma agrária duradoura. Foi dessa forma que a fome foi rapidamente erradicada na Europa e poderá sê-lo no Brasil.

Um esforço imenso foi centralizado na educação do homem do campo e nas pesquisas. Existiam palestras, cursos noturnos, seminários, atividades de final de semana e durante as férias. Tudo foi investido nessa direção: formar e educar o homem do campo. Existiam intercâmbios. Por exemplo: fiz meu primeiro intercâmbio, de três meses, com a idade de 13 anos, numa plantação de macieira na Holanda. Existia uma real colaboração entre o Estado e os agricultores, existia um "Plano Diretor", como se chamava.

No Brasil, enquanto há uma saudável tendência, bem explícita e eficaz, em busca da privatização por parte do governo, na agricultura a tendência é justamente oposta.

Tive muitas oportunidades de encontrar dentro das instituições do governo, assim como no setor privado, agrônomos de grande valor e competência; entretanto, por um motivo ou outro e em geral pelas próprias instituições, estavam paralisados em seus esforços.

Em muitos estados do Brasil existem organismos do governo criados para fazer pesquisas e dar assistência aos agricultores, mas no decorrer dos anos foram infelizmente se ocupando de outros assuntos, chegando a uma situação tal que os produtores nem sabem mais qual é a verdadeira função dessas instituições governamentais. É difícil compreender a razão pela qual uma instituição governamental, criada para dar assistência aos produtores, acabe se transformando, ao longo dos anos, em rival dos próprios produtores. Pelo fato de essas instituições do governo se orientarem cada vez mais para a produção agrícola, acabam se transformando infelizmente em concorrentes dos próprios produtores. Essa concorrência duvidosa, que vem se ampliando, contém em si a tendência a favorecer um novo monopólio que seria do Estado, o que acaba por facilitar não apenas todo tipo de favoritismo como também uma falta de transparência. Essa ambigüidade cria uma profunda desconfiança e dificulta qualquer colaboração para implantar o pomar nacional e até paralisa a iniciativa privada. Da mesma maneira que existem as entidades que zelam pelos direitos do consumidor ou do cidadão, deveria ser criada uma entidade defendendo os direitos do pequeno agricultor, um lugar onde ele pudesse se expressar e ser ouvido.

Na introdução do livro, disse que era solidário ao homem do campo. Para quem sabe ouvir, não é difícil escutar nos discursos e nas reivindicações (algumas vezes contestáveis, porém sempre melhor que o simples abandono) gritos tão presentes que vêm das profundezas da alma do homem do campo; um desejo de mais justiça.

Em nome dos pequenos produtores permito-me formular uma questão: Sabendo-se que em países desenvolvidos as comissões de comercialização dos frutos variam entre 0,75% a 3%, então, por que e, como é possível que os pequenos produtores tenham que pagar até um quinto de sua produção a fim de poder deixá-la em consignação para ser comercializada a qualquer preço? Ninguém vai ter a ousadia de dizer que nesse espaço é a lei da demanda e da oferta que rege as relações comerciais. Porém, esses espaços são os próprios centros de abastecimento criados e administrados pelo próprio governo.

O sistema vigente de comercialização a serviço dos produtores não difere muito do sistema da época da antiga Babilônia. Tem apenas um verniz de modernização extremamente caro. Não só, não corresponde às exigências do mundo moderno, como também dificulta os incentivos, nas iniciativas privadas para a criação do sistema moderno de comercialização, bem mais ágil e econômico.

Se, sinceramente, o governo quer preservar o homem do campo, incentivar a produção, torná-la acessível em alimentos a cada cidadão, não seria uma tarefa do próprio governo contribuir para o desenvolvimento de um sistema de comercialização moderno, a serviço de todos os produtores, sem exceção?

Todos os frutos que hoje o Brasil importa poderiam ser produzidos muito facilmente aqui se os produtores recebessem uma real e constante assistência. Se em lugar de promessas e grandes discursos houvesse um projeto realista nesse sentido, provavelmente a situação estaria bem melhor e os produtores mais bem amparados.

A situação dos pequenos e médios agricultores é tão precária quanto o próprio sistema de saúde nacional.

Os campos são abandonados, a emigração rural em direção aos grandes centros urbanos é um fato, não por causa da modernização e da mecanização da agricultura, mas justamente pelo inverso, pela falta de modernização, de um projeto estável e coerente, de um plano diretor e de educação.

Numa época feliz de democracia, da mesma maneira que regularmente se debatem os problemas de saúde, no nível nacional, através dos meios de comunicação, deveriam ser debatidas também as questões da agricultura brasileira. Ela depende, como em qualquer outro país do mundo, dos pequenos e médios agricultores.

O objetivo deste livro é mostrar que o país tem todas as condições de implantar seu pomar natural de cherimóia e atemóia. O Brasil é o único país a ter um excelente porta-enxerto, e as melhores variedades estão aclimatadas. As técnicas da cultura são dominadas e o mercado está aberto.

Podemos dizer que é uma cultura relativamente fácil de conduzir. Espero que este livro possa ser útil ao arboricultor.

No final deste livro voltamos ao começo. Em diversas partes do mundo, inclusive no Brasil, está sendo descoberto um dos melhores frutos de clima subtropical. Esta é a última grande descoberta da fruticultura e pode ser a melhor do século XX. Ainda é preciso plantar e, plantando, dá.

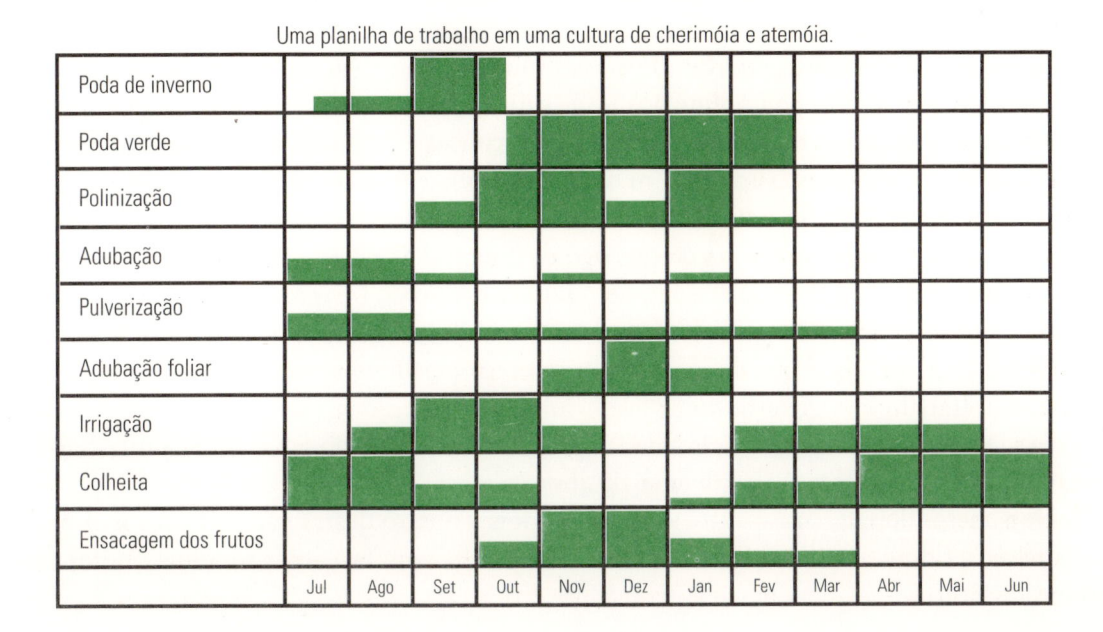

Uma planilha de trabalho em uma cultura de cherimóia e atemóia.

	Jul	Ago	Set	Out	Nov	Dez	Jan	Fev	Mar	Abr	Mai	Jun
Poda de inverno		■	■									
Poda verde					■	■	■	■				
Polinização								■	■			
Adubação	■		■									
Pulverização	■	■										
Adubação foliar						■						
Irrigação			■	■								
Colheita	■	■		■					■	■	■	■
Ensacagem dos frutos					■		■					

CAPÍTULO 23
O POMAR FAMILIAR

O sitiante de fim-de-semana tem muito a ganhar se plantar em seu pomar, algumas árvores de cherimóia e atemóia. Mesmo que seu sítio não se localize nas áreas ideais de cultura comercial, no plano doméstico, plantando-se dá. Praticamente em qualquer lugar do Brasil é possível colher pelo menos alguns frutos. No litoral e em regiões quentes, o melhor é plantar atemóia e, nas regiões suscetíveis a geada ou clima temperado, é preferível plantar cherimóia da variedade Fino de Jete, pois ela é relativamente autopolinizante. A cherimóia e a atemóia preferem lugares protegidos do vento. Assim, a polinização e a frutificação serão favorecidas.

No plano doméstico, plantam-se mudas de cherimóia e atemóia com qualquer outra árvore frutífera, a uma distância máxima de 6 m dentro da linha e 6 m entre as linhas. Uma boa época para plantar é no período de chuvas. É preciso lembrar que o esterco usado na cova deve ser bem curtido, caso contrário, corre-se o grande risco de queimar as raízes. No momento de plantar, a regra é que o pequeno tronco da árvore não pode ser enterrado mais do que está no saco.

Em termos de adubação anual, é bom espalhar 1 ou 2 kg de calcário dolomítico ao redor de toda a copa da árvore. Além disso, a cada três meses espalham-se também 300 g de NPK por exemplo: 5-10-10.

Uma vez que a árvore esteja confiada à terra, ela precisa ser podada a uma altura de 60 cm, favorecendo assim a brotação de diversos galhos.

Dois meses depois, conservam-se somente dois a quatro destes galhos novos e, com varas de bambu de 1 m inclinadas a 40º, amarram-se os galhos para favorecer a inclinação dos galhos em crescimento.

Caso ocorra a infestação de insetos como pulgões, por exemplo, use um inseticida inofensivo ao ser humano, como o Decis.

Ao final do primeiro ano, estes dois ou três galhos devem ser podados a 60 cm e, no decorrer do segundo ou terceiro ano, deve-se favorecer a formação de novos galhos guardando uma distância entre cada um de 60 cm para formar a copa. Todos os galhos orientados dentro da copa são eliminados. O mais importante de tudo é evitar que as árvores cresçam rápido demais em altura e de maneira unilateral. Nunca deixe um galho crescer mais de 90 cm sem ser podado, a fim de formar galhos laterais.

Uma boa maneira de atrair os insetos polinizadores, como também formar matéria orgânica é deixar à disposição restos de comida a 1 ou 2 m da árvore: nesse material, os pequenos coleópteros polinizadores vão encontrar alimento e se multiplicarão em abundância, à vontade e, no tempo da floração, irão polinizar muito bem as flores de suas árvores, com resultados maravilhosos. Já tive a oportunidade de observar o fundo do quintal de certas casas na cidade com árvores de atemóia super-carregadas.

Se não nos importarmos em colher os frutos com algumas manchas e sem aparência perfeita, podemos dispensar o uso de qualquer agrotóxico. Porém, é recomendável pulverizar o pomar durante o inverno, no final da dormência, com calda bordaleza. Esse produto não é considerado um agrotóxico.

Durante o ciclo de vegetação é recomendável pulverizar de maneira regular com essa mesma calda, porém em dose menor. Assim, terá uma ação preventiva contra a antracnose.

A broca-do-fruto pode ser um inimigo devastador. Em seu estado adulto é uma mariposa, sendo fácil atraí-la, suspendendo na árvore algumas garrafas de plástico perfuradas nas laterais com um pouco de guaraná. As borboletas entram pelos grandes orifícios e morrem afogadas. Se o risco de infestação for grande, protegem-se os frutos com um saco de papel, do tipo das embalagens utilizadas em mercados.

Nos primeiros anos, as formigas podem ser o maior inimigo. Mas podem facilmente ser eliminados com óleo queimado colocado dentro do formigueiro.

É preciso saber que os sagüis também têm uma predileção por esses frutos. Se existirem estes pequenos macacos perto do sítio, a melhor solução é plantar algumas árvores também para eles.

Estes cuidados são necessários para que desde o terceiro ano se possam colher os primeiros frutos perfumados, amadurecidos, na própria árvore. E, nos anos seguintes, as árvores vão proporcionar colheitas deliciosas durante quatro a cinco meses seguidos.

Em São Paulo, podem-se adquirir mudas na Ceagesp, módulo 535 - coluna 39 (ao lado da passarela), com o sr. Gallego – Tel.: (11) 477-4406 e Fax: (11) 476-4640.

PARTE V
Dicas gerais e receitas com cherimóia e atemóia

CAPÍTULO 24
DICAS GERAIS E RECEITAS COM CHERIMÓIA E ATEMÓIA

Dicas gerais para a cherimóia

Este capítulo apresenta idéias para criar pratos de acordo com diversos gostos, dependendo do que houver disponível, do tempo e do paladar de cada um.

Um adoçante natural

Geralmente é desnecessário acrescentar açúcar às receitas com cherimóia, já que ela contém muito açúcar natural (frutose). A quantidade de açúcar que se acrescenta é bem menos do que a normalmente usada, salvo raras exceções, quando se está servindo uma pessoa com muita predileção por açúcar.

Muito doce para o seu gosto?

Para cortar a doçura, experimente iogurte natural, maracujá ou suco de laranja. Você pode ter uma surpresa agradável.

Maneiras de usar a cherimóia

Ao natural
Saladas de frutas
Gelatina
Parfait
Sorvete
Cremes e *custards*
Sorbets
Pavlova
Queijada
Em fatias
Trifle
Musse

Manjar
Crumbles
Como acompanhamento para *curry* e pratos com frango, carne de porco e costeletas
Drinques
Em compota
Crafts
No café da manhã, com iogurte e nozes.
No almoço, misturando-se nozes, outras frutas e coberto com coco ralado
No jantar, como entrada, acompanhamento para carne ou sobremesa
Para convalescentes e bebês

Sabores que vão bem com a cherimóia
Laranja, tangerina ou limão
Maracujá
Abacate
Coco
Noz-moscada
Gengibre
Cravo
Canela
Iogurte natural ou coalhada
Müsli
Nozes, especialmente macadâmia
Conhaque, uísque, rum, galiano ou curaçao
Café
Abacaxi, papaia, amora, kiwi e goiaba
Requeijão ou *cream cheese*
Creme de leite e leite
Caranguejo
Camarão

Recipientes para servir a cherimóia
Uma conchinha de massa crocante
Biscoito ou massa amanteigada (veja queijada de cherimóia para a crosta)
Casca de cherimóia sem o miolo
Casca de abacaxi ou laranja sem o miolo
Panqueca
Taças de *parfait*

Por cima de frutas ou salada de frutas
Por cima de sorvete
Fôrmas de gelatina
Uma fôrma grande de merengue
Cumbucas de merengue
Massa de *filo*
Pão-de-ló ou fôrmas de tortinha
Massa de tortinhas

Decoração
Com um ramo de hortelã, alfazema ou tomilho-limão.
Com fatias de kiwi, carambola, maracujá, morango inteiro ou fatiado e pedaços de laranja.
Coco, *wafers*, condimentos ou nozes.
Chocolate granulado.

Como remover as sementes
Remova a polpa e faça purê com um amassador de batata. As sementes saem facilmente.

Natural
A mais gostosa e única maneira de comer cherimóia de acordo com muitos fãs da fruta é ao natural. Abra-a e coma com uma colher. Um fã de cherimóia descreveu sua maneira favorita de comê-la, dizendo: "Ponha os lábios em volta da carne branca e sugue... é o paraíso!". Abaixo seguem diferentes modos de oferecer cherimóia ao natural.

Café da manhã
Coloque a polpa e a semente de meia cherimóia no müsli e acrescente suco de laranja até que o müsli fique umedecido.
Meia cherimóia com iogurte e nozes em cima.

Almoço
Meia cherimóia média com coco e nozes de sua preferência por cima.
Quartos de cherimóia com frutas e nozes.

Entrada
Meia cherimóia média com um galhinho de hortelã.
Meia cherimóia, com a polpa solta, regada com suco de laranja. Aqueça levemente e sirva.
Meia cherimóia regada com licor de laranja.

Meia cherimóia com uma pitada de cravo em pó e um pedaço de laranja.

Folhas de alface e por cima de fatias de cherimóia com pedaços de caranguejo ou camarão sem casca.

Refeição principal

Polpa de cherimóia junto com *curry* para aliviar o condimento.

Polpa de cherimóia acompanhando carne de porco.

Sobremesa

Meia cherimóia com creme de leite.

Meia cherimóia com um copo americano de licor de laranja.

Sirva-a fatiada com a casca numa travessa com frutas.

A cherimóia não é muito firme e para resolver isso pode-se servi-la numa massa de tortinhas chinesa decorada com creme de leite. Fica com uma apresentação bonita e realça a fruta.

Licor de cumquat é um sucesso! Encha uma jarra com laranja chinesa inteira. Acrescente 1 colher (chá) de açúcar. Encha a jarra com cumquat e deixe curtir de dois a três meses. O líquido e a fruta podem ser consumidos. Preserva-se por anos.

SOBREMESAS

PARFAIT
Polpa de cherimóia (ou purê de cherimóia)
Creme grosso de pudim
Abacaxi picado
Creme de leite batido
Nozes raladas (macadâmia para um Sunshine Coast Parfait)
1 wafer para sorvete
Uma fatia de kiwi ou carambola para decorar
1 raminho de hortelã ou ervas (tomilho-limão, alfazema, verbena-limão)

Preparo
Coloque uma camada de cherimóia numa taça de parfait.
Depois, uma camada de pudim e outra de abacaxi.
Coloque novamente uma camada de pudim e outra de cherimóia.
Ponha uma colherada generosa de creme de leite e cubra com as nozes.
Decore com o wafer, a hortelã e o kiwi.

PAVÊ DE CHERIMÓIA
4 pedaços triangulares pequenos de pão-de-ló
2-4 colheres (chá) de cherry
3 colheres (chá) de manteiga de limão
Polpa de 1 cherimóia média
2 xícaras (chá) de creme de pudim à sua escolha
Chantilly e raspas de limão para decorar

Preparo
Espalhe algumas gotas de cherry sobre o bolo.
Faça o mesmo com a manteiga de limão.
Coloque a polpa de cherimóia por cima e cubra com o creme de pudim.
Decore com o chantilly e as raspas do limão.

FATIA COZIDA DE CHERIMÓIA

1-2 copos (americano) de polpa de cherimóia
1 copo (americano) de creme de leite azedo
2 ovos
2 colheres (chá) de farinha com fermento
2-3 colheres (chá) de açúcar

Cobertura

3 colheres (chá) de açúcar
1 colher (chá) de canela em pó
1 colher (chá) de manteiga

Preparo

Coloque os ingredientes numa tigela, exceto a cherimóia, e mexa bem.
Divida a massa em duas.
Junte a polpa de cherimóia em uma das metades da massa.
Despeje-a numa travessa untada.
Coloque a outra metade por cima.
Asse por 30 minutos a 150ºC.
Polvilhe com o açúcar e a canela e distribua a manteiga por cima.
Asse por mais 5-10 minutos.
Sirva quente ou frio.

MINGAU DE CHERIMÓIA

2 claras
300 ml de creme de leite
Polpa de 1 cherimóia média
1 colher (chá) de açúcar de confeiteiro (só no caso de você gostar bem doce)
Suco de limão a gosto

Preparo

Bata as claras em neve firme. Bata o creme de leite até ficar bem consistente.
Bata no liquidificador a polpa da cherimóia e o suco de limão.
Misture o creme de leite, as claras e a cherimóia.
Coloque em tigelas individuais e decore com polpa de maracujá,
cereja ou com um raminho de hortelã.

RECHEIO DE QUEIJO CREMOSO E IOGURTE PARA BOLO

250 g de queijo cremoso
2/3 (do copo) de iogurte natural
Polpa de 1/2 cherimóia
2 colheres (chá) de suco de limão

Preparo

Bata o queijo com o iogurte até ficar uniforme.
Junte a cherimóia até ficar uniforme e por último o suco de limão; mexa bem.
Decore um bolo de pão-de-ló ou coloque em taças individuais.

GELATINA DE CHERIMÓIA

1 cherimóia média
2 colheres (chá) de gelatina dissolvida em água fervente
Suco de 1 tangerina, laranja ou outra fruta cítrica de sua escolha
Creme de leite batido

Preparo

Remova a polpa da cherimóia (tire as sementes se desejar).
Misture a gelatina, a polpa e o suco de tangerina numa tigela. Leve-o à geladeira.
Espalhe o creme de leite por cima e decore com um raminho de hortelã.

CHERIMÓIA NEVADA

1 cherimóia grande
2 claras
raspas e suco de 1 limão
1 raminho de hortelã picado

Preparo

Tire as sementes da cherimóia e bata a polpa. Bata as claras em neve firme.
Misture a polpa da cherimóia, as claras, o suco e as raspas do limão e a hortelã.
Coloque em taças individuais e leve à geladeira.
Use as sementes da cherimóia para fazer uma flor em cima.

BOLO DE QUEIJO COM CHERIMÓIA

Massa
1 pacote de biscoito de trigo ou gengibre esmigalhado
25 g de manteiga derretida

Recheio
250 g de queijo cremoso Philadelphia em pedaços
1/2 xícara (chá) de açúcar de confeiteiro
1 lata de leite desidratado (ponha-o no freezer)
3 colheres (chá) de gelatina dissolvida em 1/2 copo (americano) de água fervente
suco de 1/2 limão
1 cherimóia grande sem semente

Preparo da massa
Misture bem os ingredientes e coloque numa fôrma para torta.
Leve ao forno por cerca de 15 minutos.

Preparo do recheio
Bata o leite. Coloque a polpa da cherimóia no liquidificador
junto com os outros ingredientes e bata bem.
Misture delicadamente o conteúdo do liquidificador ao leite batido.
Despeje na massa assada e deixe assentar.

Variações do recheio
Despeje em uma casca de cherimóia ou de laranja vazias, no merengue ou pão-de-ló.

CREME DE CHERIMÓIA

1/2 cherimóia média
250 ml de creme de leite
2 colheres (chá) de suco de limão

Preparo
Faça um purê com a cherimóia. Bata o creme de leite.
Misture o purê, o suco de limão e o creme de leite.
Recheie o bolo de cherimóia com esse creme.

SALADA DE FRUTAS COM CHERIMÓIA (SALADA DE FRUTAS DE OUTONO)

Cherimóia*
Banana
Pedaços de laranja
Abacaxi
Polpa de maracujá ou papaia
Carambola
1 pitada de gengibre em pó
Pique as frutas e misture bem
Essa salada é própria para o outono

Variações
Cherimóia, banana, goiaba e nozes macadâmia
Cherimóia, banana, kiwi e nozes macadâmia.
Sirva dentro de 1/2 cherimóia sem o miolo com um raminho de hortelã
(fica com uma linda aparência fresca).
Cherimóia, banana, uva, iogurte e nozes (uma refeição por si só).
Cherimóia, frutas (podem ser secas também), müsli e suco de laranja.
1/2 xícara (chá) de maçã, laranja e pedaços de cherimóia da variedade African
Pride servidos sobre alface com raspas de laranja por cima.
*A quantidade das frutas é a gosto.

BOLO "RAINHA" DE CHERIMÓIA

5 fatias de pão
1 cherimóia média
1 colher (sopa) de uva passa
1 e 1/2 xícara (chá) de leite
1 colher (sopa) de manteiga
1 colher (chá) de raspas de limão
3 ovos batidos
2 colheres (sopa) de açúcar

Preparo

Coloque as fatias de pão, a uva passa e a cherimóia numa tigela.
Despeje o leite, a manteiga, as raspas de limão e as gemas batidas sobre o pão.
Asse no forno por cerca de 20-30 minutos.
Bata as claras até que se formem picos macios gradualmente.
Adicione o açúcar. Com uma colher cubra todo o bolo com a clara formando picos.
Asse em forno médio por mais 5-10 minutos ou até que doure levemente.

BOLO CROCANTE COM MAÇÃ E CHERIMÓIA

Recheio

1/2 copo (americano) de polpa de cherimóia
1 maçã verde (cozida em fogo lento com raspas de limão)

Massa

Massa fina cozida ou pronta

Cobertura crocante

1/2 copo (americano) de amêndoa ou canela em pau picadas
1 colher (chá) de canela em pó
2 biscoitos de aveia

Preparo

Misture os ingredientes do recheio. Coloque na massa.
Quebre os biscoitos em pedacinhos.
Junte as amêndoas, a canela e os biscoitos.
Coloque sobre o recheio. Esfrie na geladeira antes de servir.

RECHEIO E COBERTURA PARA BOLOS

1 polpa de cherimóia batida no liquidificador
1 colher (chá) cheia de açúcar de confeiteiro
1 colher (chá) de suco de limão
2 colheres (chá) rasas de gelatina dissolvida em 1 copo (americano) de água fervente
1 colher (chá) de creme de leite

Preparo
Bata os ingredientes no liquidificador até ficar uma mistura homogênea.
Deixe assentar.
Corte o bolo ao meio e espalhe metade da mistura.
Coloque a outra metade do bolo e espalhe o restante da mistura.
Decore com fatias de kiwi.

Variações
Despeje em uma salada de frutas ou polpa de cherimóia.
Coloque em 1/2 casca de cherimóia sem miolo,
com um raminho de hortelã.
Com sorvete.
Em panquecas.
Numa fôrma de tortinha no centro de uma tigela de frutas.

MERENGUE OU PAVLOVA DE CHERIMÓIA

1 cherimóia média ou grande
8 fôrmas de pavlova ou de merengue grande
creme de leite

Preparo
Remova a polpa cuidadosamente em pedaços,
se possível, para não soltar suco.
Deixe a semente. Se as sementes forem removidas,
talvez seja preciso coar a polpa para remover o excesso de líquido.
Coloque a polpa nas fôrmas.
Decore com creme de leite.
Se ficar muito doce, acrescente a polpa de maracujá
ou substitua o creme de leite por iogurte.

SORVETES DE CHERIMÓIA

Ingredientes
Sorvete do sabor de sua preferência
Purê da polpa de 1 cherimóia média

Preparo
Misture bem o sorvete com o purê de cherimóia.
Leve para congelar.

Ingredientes
1 cherimóia média
1 colher (chá) de suco de limão
500 ml de creme de leite

Preparo
Retire a polpa e descarte as sementes da cherimóia. Acrescente suco de limão e misture.
Leve ao freezer até que a mistura comece a endurecer. Bata o creme.
Bata no liquidificador a mistura semicongelada e acrescente
o creme de leite batido, mexendo delicadamente. Leve ao freezer novamente.
Tire do freezer meia hora antes de servir e deixe na geladeira.
Sirva com salada de frutas ou em cumbucas de merengue
com licor de creme de menta ou de chocolate.
* Se preferir, coloque a mistura na casca da cherimóia congelada.

SORBET DE CHERIMÓIA

Polpa de 1 cherimóia grande
1 litro de água (750 ml se usar vinho)
Suco de 2 laranjas
600 ml de vinho branco ou champanhe (opcional)
1 xícara (chá) de açúcar

Preparo
Bata no liquidificador a polpa da cherimóia.
Adicione os outros ingredientes e bata novamente.
Despeje em uma tigela para congelar.
Deixe até ficar com consistência de uma massa.
Bata de novo no liquidificador para eliminar pedaços de gelo.
Congele outra vez e uma hora depois bata-a novamente.
Cerca de meia hora antes de servir coloque na geladeira para amolecer.
Sirva em taças esfriadas.

Variações
Ponha o sorbet numa casca de cherimóia ou de laranja e decore.

Nota
Durante o congelamento a doçura e o sabor diminuem.

GOSTOSURA DE CHERIMÓIA DA AIDA (PARA OS QUE GOSTAM BEM DOCE)

3-4 cherimóias
1 lata de leite condensado
Gelo picado

Preparo
Remova a polpa deixando as sementes.
Coloque-a numa tigela com o leite condensado
e o gelo e mexa delicadamente.

Variação
Não coloque o gelo e leve para congelar.
Sirva como sorvete.

MANJAR DE CHERIMÓIA

Polpa de 1 cherimóia grande
2 colheres (chá) de maisena
600 ml de leite
300 ml de creme de leite
2 colheres (chá) de açúcar (opcional)

Preparo
Bata a polpa de cherimóia no liquidificador.
À parte, misture a maisena
e cerca de 5 colheres (chá) de leite
ou o suficiente para a maisena ficar rala.
Aqueça o restante do leite sem que ferva.
Junte à mistura de maisena, mexendo sem parar.
Adicione a polpa de cherimóia e continue mexendo até que engrosse.
Espere esfriar e leve à geladeira.
Decore e sirva com creme de leite.

TORTINHAS COM GELÉIA DE CHERIMÓIA

Tortinhas de massa prontas
Geléia de cherimóia ou polpa fresca
Mistura para bolo à sua escolha

Preparo
Coloque a geléia nas tortinhas.
Coloque a massa de mistura para bolo por cima.
Asse em fogo médio por 10 minutos.
Sirva com chantilly ou com creme de cherimóia.

Variações
Sem cozinhar:
use fôrmas para tortinha prontas
(massa, merengue ou pão-de-ló),
encha-as com qualquer uma das sobremesas de cherimóia,
polvilhe com farelo de bolo ou biscoito.

BOLO CROCANTE DE CHERIMÓIA

2 xícaras (chá) de pão de centeio amanhecido esmigalhado
1 colher (chá) de manteiga
2 colheres (chá) de açúcar
Polpa de 2 cherimóias médias
1 raminho de hortelã
150 ml de creme de leite

Preparo
Rale o pão de centeio.
Frite o pão esmigalhado com a manteiga e o açúcar, até ficar crocante.
Quando esfriar, coloque o pão numa só camada
em uma tigela de vidro e por cima a polpa de cherimóia.
Decore com um raminho de hortelã e sirva com creme de leite ou sorvete.

PRATOS SALGADOS

ASSADO DE LENTILHA E CHERIMÓIA

1 cebola picada
3 ovos
6 colheres (chá) de mesa de creme de leite
1 colher (chá) de sal
1 colher (chá) de pimenta-do-reino
2 colheres (chá) de noz-moscada ou sálvia
Polpa de 1 cherimóia
2 xícaras (chá) de macarrão tipo macarrão instantâneo cozido
1 xícara (chá) de lentilha cozida
1 tomate picado
2 colheres (chá) de manteiga

Preparo

Frite a cebola. Bata os ovos, o creme de leite, o sal, a pimenta e a noz-moscada. Misture a polpa de cherimóia, o macarrão, a cebola, a lentilha, o tomate e a manteiga. Junte essa mistura à de ovos batidos e asse em forno quente por 30 minutos.
Sirva com salada de alface ou de legumes.

MOLHO AGRIDOCE DE CHERIMÓIA

1 colher (chá) de óleo
1/2 cebola picada
Polpa de 2 cherimóias pequenas
1 cenoura de 4 cm fatiada
1 anel de cápsico em 4-6 pedaços
1 colher (chá) de vinagre
1/2 colher (chá) de gengibre em pó ou de gengibre ralado
Sal
1 dente de alho amassado

Preparo

Aqueça o óleo e frite a cebola até ficar transparente. Adicione o restante dos ingredientes e cozinhe por 5 a 10 minutos, mexendo ocasionalmente.
Sirva sobre postas de peixe, bife, frango ou carne de porco.

CARNE DE PORCO FRITA COM CHERIMÓIA

500 g de carne de porco ou de frango cozida e desfiada
1/2 xícara (chá) de vinho de gengibre ou cherry seco misturado com gengibre
1 gema
1 colher (chá) de gengibre ralado
2 colheres (sopa) de suco de limão
2 colheres (chá) de maisena
2 colheres (sopa) de óleo vegetal
1 xícara (chá) de cápsico em tiras
1 cherimóia sem casca e sem semente em cubos
(a variedade African Pride *seria a mais apropriada nesse caso)*
1/2 xícara (chá) de caldo de galinha

Preparo
Misture a carne, o vinho e a gema.
Deixe marinar por 15 minutos.
Misture o caldo com o gengibre, o suco de limão e a maisena.
Coloque o óleo na panela. Frite, mexendo o cápsico por 3-5 minutos.
Junte a carne, a cherimóia e o caldo, mexendo até aquecer.
Sirva com arroz integral.

CHERIMÓIA NATURAL

Como acompanhamento para curry. *É refrescante!*

MOLHO DE CHERIMÓIA

1/2 cebola picada e frita no azeite
Polpa de 1 cherimóia média
Pitada de sal

Preparo
Leve os ingredientes ao forno e cozinhe por alguns minutos.
Sirva quente com carne de porco ou frango.
Se preferir, depois de cozinhar a cherimóia faça um purê.

CHERIMÓIA CONDIMENTADA

2 colheres (chá) de manteiga
1/2 colher (chá) de cominho
Polpa de 1 cherimóia média
2 colheres (chá) de suco de limão
Sal a gosto

Preparo

Derreta a manteiga e frite o cominho.
Adicione os outros ingredientes e cozinhe por 5 minutos.
Sirva quente com carne de porco, frango ou curry.

SOPA DE CHERIMÓIA

1 cherimóia média
125 ml de caldo de galinha
Suco de 1/2 limão ou lima
Pimenta-do-reino a gosto
4 colheres (sopa) de creme de leite
Limão fatiado para enfeitar
Endro picado na hora para servir

Preparo

Faça um purê da polpa da cherimóia.
Junte o caldo, o suco e a pimenta e por último, o creme de leite.
Mexa bem. Sirva quente ou frio.
Enfeite cada tigela de sopa com uma fatia de limão e endro.

DRINQUES

SMOOTHIE DE CHERIMÓIA

1/2 copo (americano) de leite
Polpa de 1 cherimóia pequena
Noz-moscada

Preparo
Bata o leite e a polpa da cherimóia no liquidificador.
Sirva-o polvilhado com a noz-moscada.

Variações
Acrescente café.
Substitua o leite por suco de laranja.
Adicione outras frutas cítricas.
Adicione conhaque, uísque ou rum.

PARADISE PUNCH

1 cherimóia
1/2 copo (americano) de suco de laranja
1/2 copo (americano) de suco de abacaxi
Suco de 1 limão
1/2 xícara (chá) de rum
Gelo picado

Preparo
Remova a casca e as sementes da cherimóia.
Coloque-a no liquidificador e acrescente
os outros ingredientes; bata tudo junto.
Despeje em copos altos, decorados
com uma fatia de laranja na borda e dois canudos.

COQUETEL DE CHERIMÓIA

Polpa de 1/2 cherimóia pequena
Suco de 1/2 laranja
1 gema
1/2 copo (americano) de leite
1 copo (americano) de galiano

Preparo
Bata a polpa de cherimóia com o suco de laranja.
Coloque a mistura da cherimóia
e o restante dos ingredientes numa coqueteleira e agite.
Sirva em copos gelados.

CHERIMÓIA E GINGERALE

2 colheres (sopa) de cherimóia
1/2 copo (americano) de gingerale

Preparo
Bata os ingredientes.
Sirva frio, com um canudo
e 1/2 fatia de laranja na borda do copo.

COQUETEL DE VINHO E CHERIMÓIA

1 cherimóia
250 ml de vinho branco frisante

Preparo
Descasque e fatie a cherimóia, removendo as sementes.
Coloque as fatias em taças de champanhe de borda larga.
Despeje o vinho.
Deixe por 10 minutos.
Sirva frio.

VINHO DE CHERIMÓIA

1 colher (sopa) de polpa de cherimóia por copo
1 copo (americano) de vinho branco

Preparo
Bata os ingredientes no liquidificador.
Sirva em taças ou copos.
Essa é uma bebida típica no Caribe.

CONSERVAS

*CHUTNEY DE CHERIMÓIA**
1/2 cebola e 2 alhos
1-4 cápsico (dependendo da quantidade total)
2-4 cm de gengibre
50 g de uva passa
1 pote de geléia de sua preferência (pode aproveitar também aquela geléia
que está com a data de validade para vencer
ou aquela da qual ninguém mais vai comer ou que não tenha gostado)
1/2 xícara (chá) de vinagre
Partes iguais de polpa e de açúcar (depois de cozinhar os ingredientes acima)

Preparo
Cozinhe todos os ingredientes (só encha 1/3 da panela).
Quando as cebolas estiverem macias, pese a polpa.
Coloque de volta na panela.
Pese a mesma quantidade de açúcar.
Adicione-o à polpa.
Mexa. Ferva até engrossar.
Tire do fogo.
Guarde em potes herméticos imediatamente.

Sirva
Esse chutney é doce e vai bem com curry ou como uma geléia salgada no pão ou com queijo.
*Basicamente metade dessa mistura é polpa de cherimóia.

GELÉIA DE CHERIMÓIA
Partes iguais de açúcar e polpa de cherimóia.

Preparo
Cozinhe bem a fruta e adicione o açúcar.
Mexa sem parar até que esteja no ponto de geléia.
Coloque em potes herméticos.
Sirva na torrada, em biscoitos, tortinhas, tortas e pavés.

DOCE SECO DE CHERIMÓIA E BANANA

1 cherimóia média sem casca e sem sementes
2 bananas
2 colheres (chá) de suco de limão

Preparo

Junte os ingredientes e amasse. Espalhe numa bandeja de aço inoxidável untada.
Deixe no sol com uma tela por cima, no secador solar ou no secador industrial. Recolha à noite.
Raspe quando estiver firme, vire e deixe para secar novamente (2-6 dias) em dias quentes e secos.
Corte em tiras ou quadrados. Armazene em recipientes herméticos.

Variações

Adicione polpa de maracujá, frutas cítricas ou morango.

CHERIMÓIA SECA

Remova a polpa em pedaços com a semente.
Coloque numa fôrma de aço inoxidável untada
ou direto no secador industrial.
Deixe no sol sob um vidro de três a sete dias
ou num forno a baixa temperatura com a porta entreaberta.
Armazene num saco plástico dentro de um pote hermético.